潮流时装
设计与制作系列

女童装
设计与制作

叶淑芳　王铁众　主编

化学工业出版社

·北京·

图书在版编目（CIP）数据

女童装设计与制作/叶淑芳，王铁众主编． —北京：
化学工业出版社，2017.3
（潮流时装设计与制作系列）
ISBN 978-7-122-28946-9

Ⅰ．①女…　Ⅱ．①叶…②王…　Ⅲ．①女服－童服－
服装设计②女服－童服－服装缝制　Ⅳ．①TS941.716.1

中国版本图书馆CIP数据核字（2017）第016217号

责任编辑：邵桂林　　　　　　　　　　文字编辑：谢蓉蓉
责任校对：王素芹　　　　　　　　　　装帧设计：刘丽华

出版发行：化学工业出版社（北京市东城区青年湖南街13号　邮政编码100011）
印　　装：北京新华印刷有限公司
787mm×1092mm　1/16　印张11　字数303千字　　2017年5月北京第1版第1次印刷

购书咨询：010-64518888（传真：010-64519686）　　售后服务：010-64518899
网　　址：http://www.cip.com.cn
凡购买本书，如有缺损质量问题，本社销售中心负责调换。

定　　价：59.00元

主　　编　叶淑芳　王铁众

副 主 编　宋东霞　徐曼曼　曲　侠

编写人员（按姓氏笔画排列）

　　　　　王云飞　王铁众　叶淑芳　曲　侠

　　　　　孙雪丽　李月娥　宋东霞　胡　萍

　　　　　徐曼曼

前言

近年来，随着家庭收入的提高以及家长对于孩子日常生活质量提高的投入加大，我国童装消费量日益增长，消费需求转向追求美观和时尚。在经济发达地区，消费者对童装需求趋向潮流化、品牌化，国外的一些知名童装品牌随之进入国内市场，国内也诞生了一些有竞争力的童装品牌，尤其是网络购物的飞速发展给童装业带来了新的生机。面对童装市场的竞争，随之而来的是童装企业对童装设计人才、板型人才以及营销人才的需求量逐步加大。而女童装的设计无疑起到了举足轻重的作用。为了使教学与市场发展紧密结合，作为重要的教学内容之一，辽宁轻工职业学院将"女童装设计与制作"内容系统化，单独开设了这门课程。在教学过程中，教师们积累了丰富的教学经验，除了广泛与童装企业密切合作外，还在淘宝网试营业，定期推出新的设计理念以及女童装设计并接受私人定制。这些第一手资料，为本书的艺术性、实用性提供了编写依据和方向。

本书立足于国内女童装市场，紧密接轨目前的国际女童装市场，其中的女童装款式大部分来自企业，有一些则是网络上的畅销款式。本书系统全面地从造型设计、设计过程、具体元素分析、制作、配饰方面具体阐述，通过基本知识讲解，力求挖掘创意灵感，开拓设计思路和联想，进一步提高女童装设计的国际化、民族化。通过列举大量图片范例等多种形式，集理论性、艺术性、知识性、实用性于一体，深入浅出，将女童装设计理论与表现方法运用于成衣效果，具有很强的实用性。

本书适合高等院校服装专业师生、参赛设计师以及服装爱好者使用。

本书的完成，要特别感谢女童模特李佳黛和摄影师王云飞的大力支持。

由于童装设计领域发展迅速，加之笔者水平有限，书中疏漏之处在所难免，希望专家、同行和读者批评指正，不胜感激。

编　者
2017年1月

目录

第一章

女童装设计概述

第一节 女童装发展趋势

一、市场发展趋势

一直困扰童装市场的价格问题亟待解决。在一个产品极大丰富且成熟的买方市场中，理性的消费者更为注重产品的"性价比"。服装的性能品质包括产品的品牌、设计、面料、缝制质量、适体性等，对于不同品类的服装乃至不同场合着装的性能要求大相径庭，而价格则始终是一个简单却核心的问题。在以"性价比"为消费导向的服装市场中，消费者会在认为合理和能接受的价格范围内选购满意的服装产品。但目前我国高、中档童装市场尚未饱和，在很多情况下，消费者不得不接受高出期望值很多的"满意"商品。从我国童装市场的发展速度，特别是中档童装的发展速度来看，这种局面有望在几年之内被彻底打破。

市场上品牌数量具有周期性，大体分为三个阶段。一是市场形成期，品牌数量少，增长和更新速度也比较慢，市场多为卖方市场。二是快速成长期，品牌数量急剧增加，竞争激烈，品牌更新速度也加快，产品的价格、质量、服务等方面也越来越呼应消费者的需求。三是成熟期，经过成长期市场竞争的严格淘汰，品牌数量减少，但留存下来的品牌在各方面都相对完善。目前我国的童装市场已经完成了形成期，刚刚进入成长期，因此未来市场上的品牌数量将不断增加，竞争加剧已成必然，品牌格局也势必发生重大变化，童装产业面临重新洗牌。

据联合国测算，2015—2020年中国人口出生率为1.22%，保持在较高水平，而2020年之后将逐渐减速。与此对应，我国儿童人口正迎来黄金增长期。据联合国测算，中国儿童人口增速在2012年由负转正，且在2012—2020年持续正增长，到2020年儿童人口数量将达到峰值2.61亿人。

近几年我国童装需求呈逐年增长趋势。从消费档次来看，由以中低档需求为主转向以中档需求为主，中高档需求增长迅速。从消费数量来看，中等收入户、中等偏上收入户及高收入户对各式童装的消费呈现明显上升趋势，而最低收入户、低收入户、中等偏下收入户及最高收入户则呈下降趋势。这说明中等收入群体是童装消费的主体。目前我国0岁到16岁儿童有3.8亿，年童装消费需求量在23亿件左右。据《中国童装产业发展研究报告》，近年来我国城镇居民对童装的消费量一直呈上升趋势。

二、营销模式趋势

在未来一段时间内，批发仍将是童装销售的主流模式，并得到纵深发展。各个产业集群周围都将建设有相应的专业市场，且市场将逐渐依童装档次和针对的二级市场划分层次。

市场规模上升最快的将是大、中型综合商场销售。品牌、价格、营销手段和市场格局变化最大的也将是这个市场。

运营成本低、灵活性强、产品丰富、服务人性化的专营店将在童装销售的舞台上粉墨登场，专营童装的小型商铺也将以其低廉的价格和个性化的产品吸引更多的消费者。另外，少年装走专营店销售路线则不失为一种前瞻性营销策略。

随着国际化大型商业连锁集团进入我国，也将为童装销售提供全新的营销选择。（图1-1～图1-4）

图1-1　儿童服装专卖店（一）

图1-2　儿童服装专卖店（二）

图1-3　儿童服装专卖店（三）

图1-4　儿童服装专卖店（四）

第二节　女童装消费市场分析

一、市场分析

　　我国童装市场由于起步较晚，品牌建立时间较短，整体而言还处于成长期。这几年，随着城市建设和人们生活水平的快速提升，童装二级市场商业网点发展速度也在加快。商场购物环境和商场经营规模与一级市场商业设施差距拉近后，为童装品牌导入二级市场提供了一个营销平台。较多品牌进入二级市场后，童装品牌丰富度不断提高，使顾客有更多的品牌可选择。由于童装二级市场从品牌导入期已步入品牌发展期，消费者购买能力较强，对品牌需求欲望较高，市场发展空间较大，经营成本也相应较低，因此该市场所凸显的发展前景已受到童装经营者的普遍关注，不乏部分童装企业的营销通路开始向二级市场渗透。

可以看出，不少童装品牌是已发展成熟的成人服装品牌企业新开设的产品线。企业选择多品牌扩张战略进入童装市场，一般是通过并购、合资与代理等方式。在扩张过程中需要投入较多管理精力、人员费用、开店支出等，如何有效控制费用投入、最优实现资源整合是企业进行投资与战略布局时亟需注意的。

未来几年，我国童装市场消费量将以10%以上的增幅快速增长。目前我国拥有约400亿元的童装消费市场，只占全球童装消费市场的4%左右。随着人们生活水平的提高和消费观念的转变以及童装市场的完善，未来5年我国至少有50%的市场潜力有待开发。（图1-5）

图1-5 少儿模特大赛

二、存在的问题

我国童装市场主要存在以下几个问题。

① 品牌分布不均衡且品牌意识薄弱。

② 设计难度大。

③ 产品结构不合理。

④ 童装号型不统一，原号型标准中的控制部位数据相对落后。

⑤ 营销方式滞后。

近年来，童装已经开始受到生产商与消费者的重视，并且逐步与国际接轨；童装种类也趋于多样化，毫不逊色于成人装。现在儿童喜欢的服装风格已经不再局限于明亮的色彩或者卡通图案，而更倾向于体现个人风格，追求个性、时尚、运动、休闲。这种与发达国家趋同的消费走向启发设计师应把诉求对象逐渐从成人转移到孩子身上，因此公司设计师更要注重儿童的性格特征。

我国消费者对未来童装的需求逐渐从单纯的美观、耐穿等基本属性向安全、舒适、健康等感受与体验型转变，消费行为更加科学、理智，消费需求趋向潮流化、品牌化。

第三节 女童体型特征

儿童的生长发育阶段规律及其体型特征对童装的款式设计、结构设计、面料选择和价值诉求等都产生着不可低估的影响。儿童，我们对其定义为生理上、心理上不断走向成熟的年龄段，一般意义上为0～18周岁（未成年人）。根据儿童生理和心理的生长发育特征及体型特征，把儿童分为幼童（一般指0～2周岁）、幼儿园学生（一般指3～6周岁）、小学生（一般指7～12周岁）、中学生（一般指13～18周岁）。（图1-6）

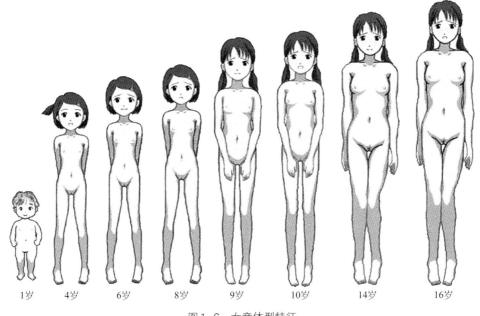

| 1岁 | 4岁 | 6岁 | 8岁 | 9岁 | 10岁 | 14岁 | 16岁 |

图1-6　女童体型特征

一、0～2周岁的幼童

周岁前，大多数儿童"胖""肉感"、生长快、皮肤嫩、骨质软。对童装的要求是，内衣以棉质为主，宽松柔软，透气性好；外衣宽而不松，保温性好，以利于婴幼儿活动；显小的衣服不要硬穿，不利于小孩生长；常换常新，因为这一时期换洗的频率比较高；同时还要考虑设计细节上的安全问题。尺码一般分为3、6、9、12和18个月大小的，或是小、中、大和加大号。设计还要符合父母的审美品位，通常柔和的色彩、柔软的面料和简洁的款式比较受欢迎。另外，消费者还倾向于购买那些能从色彩上体现婴儿性别的服装。（图1-7）

图1-7

二、3～6周岁的幼儿园学生

图1-8　　　　　　图1-9

这个阶段是性别强化期，也是人出生后身体上第一个平稳成长期。可以说，十个小孩九个腰圆肚子挺。对童装的要求是（特别是女孩）能遮住这个缺点，体现性别差异。这一阶段儿童的身材特点身高明显增高，头部占整个身体的比例也相应增加，并开始有微微的小肚子。这一阶段的儿童对世界充满了求知欲，他们以单纯的心境和好奇的眼光探索着未知的世界。虽然性别差异仍是这一阶段童装设计的基础，但和过去相比，这方面的界限已经变得非常模糊。（图1-8和图1-9）

图1-10　　　　　　图1-11

三、7～12周岁的小学生

人生第二个平稳成长期重点体现在身高方面。腰圆肚子挺的现象有所好转，或胖或瘦分化严重。对童装的要求是区别胖瘦进行设计，使"胖的小孩"不显得胖，使"瘦的小孩"不显得瘦，服装尺寸具有明显的差距。（图1-10和图1-11）

四、13～18周岁的中学生

图1-12　　　　　　图1-13

正处于发育期，一个夏季可蹿高5～10厘米，然后增长渐渐减速。大多数女生身高先定型，三围后定型；大多数男生发育迟于女生，但初三和高一变化明显。对童装（半大人的学生装）的要求是以不束缚身体发育的休闲学生装为主。（图1-12和图1-13）

第四节　完善女童装作品

虽然在创作童装作品时要遵循设计上的一些基本规则，但也要有一些独特的设计特点。从作品应该如何体现不同年龄儿童的特点、作品设计引用的概念，到如何使设计符合家长的需求，这些都要在作品的创作中予以考虑。

一、布局

水平布局最符合童装作品集的设计。整个页面布局也要考虑到人物比例的大小，以表达出所有隐含的设计信息。

二、基础调研

作品集设计的主题要新奇、有趣、适合儿童。可以从历史戏剧服装或具有民族特色的服饰中寻找灵感，也可以运用儿童文学中的概念或流行文化中的元素，比如卡通画和电影人物等。所有的主题应用都要符合情景，并带有细节刻画，而且要反映出原作品中的相关信息。设计成人服装时，设计师可以通过深化概念与主题元素从而展现不一样的设计理念，但是童装设计师所运用的概念则要更加直接、简单、易懂。（图1-14和图1-15）

图1-14

图1-15　结合欧美时尚流行元素，秉承"简约·时尚"的设计理念，构造出女童服饰的专属空间

三、展示

童装设计在很大程度上是通过服装效果图来展示的，所以要尽量通过作品集传达出整个设计过程。虽然人物动态造型图能加强视觉效果，但详细的效果图不但能显示作品中的细节设计，而且能体现出成长为设计师这一过程的转变。（图1-16和图1-17）

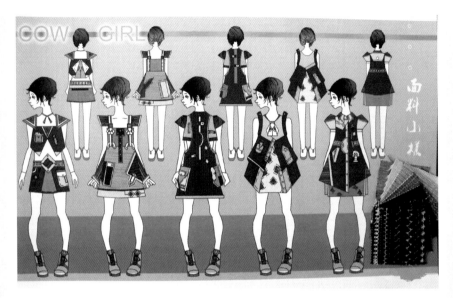

图1-16

图1-17

四、分类

    作品集要展示不同年龄段的童装设计。虽然在今后的工作中你可能会有自己专攻的童装设计领域，但是多样化的设计可以体现你的创新性和全面性，同时也可以反映出无论为哪个品牌工作，你都将是一名积极的员工。另外，即使是为特定年龄段的儿童设计，你也要创作各种不同的主题；采用多样化色彩搭配和面料，比如粗斜纹布服装和宴会服；而且除了在作品集中创作适合男女通用的款式外，还要分别设计女款童装和男款童装。（图1-18）

1周岁 2周岁 3周岁 4周岁

5周岁 6周岁 7周岁 8周岁

9周岁 10周岁 11周岁 12周岁

图 1-18

第二章

女童装造型设计

第一节　女童装廓形的分类及特点

　　法国著名服装设计大师克里斯汀·迪奥最早推出服装的新风貌（New Look），也就是服装的外形轮廓。从某种程度来说，所谓服装造型设计，首先应该考虑服装的外形，所以服装廓形是设计的根本，服装流行最基本的款式特征就是外形线的变化。女童装的外形以字母表示，主要使用A型、H型、O型、X型、T型。

一、A型廓形

　　款式上肩部适体，下摆扩大，也就是上窄下宽的造型。女童装中的吊带塔裙、喇叭裤、A形连衣裙、号角型的风衣、大衣等都是上身贴体、下摆扩张的样式。A型线具有动感活力、浪漫可爱等风格特点，是女童装设计中常用的造型。（图2-1和图2-2）

图2-1　　　　　　　　　　　　　　　　　　图2-2

二、H型廓形

　　服装的造型特点肩、腰、臀、下摆均呈直线形，不收紧腰部，类似筒形，也称矩形、箱型或长方形。女童装款式品类有修身大衣、外套、修身连衣裙、儿童直筒裤、直筒式背心裙等。H型服装具有修长简约、成熟、宽松舒适的特点。（图2-3和图2-4）

三、O型廓形

　　服装的造型重点在腰部，腰部线条扩大不收紧，肩部适体，下摆收紧，整个外形看起来较饱满圆润，又称为灯笼形、茧形、椭圆形。常见的女童装中以婴幼儿和小童为主，大多采用这种外

图2-3   图2-4

图2-5   图2-6   图2-7

形设计，如斗篷型外套、小灯笼裤、裙等具有圆润的外观样式。O型线造型非常有趣味性，还具有休闲舒适、随意性的特点。（图2-5～图2-7）

四、X型廓形

这是一种具有女性化的造型线条，其特点是塑造肩部、收紧腰部、扩大下摆，也称沙漏形，把人体的三围勾勒出优美的曲线，整体线条使服装显得柔和、优美、女性化。在童装设计中以大女童为主，如少女装大衣、风衣、外套、连衣裙等，具有优雅青春的风格特点。（图2-8和图2-9）

图2-8　　　　　　　　　　　　　图2-9

五、T型廓形

　　款式造型特点以肩部为设计重点，收缩下摆为主要特征，外观样式为直线条，具有端庄大气、成熟稳重的风格特点，在童装中以斗篷外套为主。（图2-10～图2-12）

图2-10

图2-11

图2-12

第二节　女童装廓形设计方法

　　服装廓形设计的重要参数是人体体型、材料体积和设计方法的应用，这里是指不考虑面料、色彩因素，以人体为基本型，通过一定的辅助材料和工艺手段塑造服装整体形象。

一、结合法

　　结合法是指将两个不同或相同的形体部分重合，但是两个形在重合时不产生透叠效果，那么除去重叠的部分就会产生新的形状。这在女童装设计中是常用的方法之一，如将两个圆形重合部位去掉，就形成花瓣的形状。（图2-13和图2-14）

图2-13　　　　　　　　　　　　　图2-14

二、分解重构法

　　分解重构法就是将原来的实物分解破坏后，组合出新的形状，也可以称为打散构成法。经过分解重构获得的新实物，也就是原来形象的影子又产生了新的变化特征，创造出变化各异的新的造型形态。另外，通过对面料、色彩的分解重构也会产生不同的视觉效果。（图2-15和图2-16）

三、衔接法

　　衔接法是将两个廓形的边缘相互交接，但不是相交，产生两个互相连接的组合形，这是童装设计中经常使用的方法，制作简单。其方法就是把形与形之间相接的部分连接起来，新的外形能够看到两个形的完整造型。（图2-17～图2-19）

图2-15　　　　　　　　　　　　图2-16

图2-17　　　　　图2-18　　　　　图2-19

四、堆积法

堆积法是指为了突出服装的某个部位而使用的夸张手段，它是对规则的和不规则的各种形态进行重复堆叠、积累，形成膨胀的外观造型，一般用于女童装的小礼服设计。（图2-20~图2-22）

五、支撑法

支撑法是一种传统的造型方法，欧洲女人的裙装就是用鲸骨作裙撑制造出优美的造型。这里是指在服装内部用支撑材料以加大服装裙摆的体积感，强调轮廓特点，可选择金属丝、藤条、鲸骨、竹条等材料作为支撑物，一般用于女童创意装、礼服装设计。（图2-23~图2-25）

图2-20

图2-21

图2-22

图2-23

图2-24

图2-25

六、剪切法

　　剪切法是将两个不同的服装廓形相互重叠时，将其中某个部分剪去而产生新的廓形，打破服装的沉闷感，增强透气性，是时尚前卫的设计。（图2-26～图2-28）

图2-26 图2-27 图2-28

第三节　女童装设计美学法则

　　作为一名童装设计师，一定要从美学的角度加以分析点评，总结各个设计元素之间的构成规律，以提升自己的审美水平。点、线、面、体是服装造型的基本元素，在服装造型中是从三维空间角度理解的，一般有大小、面积、宽度、厚度、形状、色彩、质地等区别，所以点、线、面、体的设计元素在童装设计中显得尤为重要。

一、点、线、面、体在女童装中的应用

1.点在女童装设计中的应用
　　在童装设计中，点的位置不同，就会产生不同的效果。同样的一个点，摆放的位置不同，或者将点参差错落地排列，都会让人产生不同的视觉效应和视觉感受。
　　点在童装中的表现形式大体可分为三类：饰品、图案和辅料。
　　（1）饰品　小手袋、胸花、蝴蝶结、花饰、丝巾扣等属于饰品类，相对于服装的整体效果而言，童装上较小的饰品都可以理解为点的要素。饰品点一般多在前胸、袋边、肩部和腰部运用，并起到一定的装饰作用。（图2-29～图2-31）
　　（2）图案　圆点图案经常出现在女童服装上，大点图案与小点图案并置或错落，则会产生别致的节奏感和音律感。表现在童装中的点状图案，还有刺绣、镶嵌、印染等不同的装饰手段以达到不同的设计目的。花色面料中纹点的大小与面料的比例、配色不同，装饰效果就会不同。所以在进行女童装设计时，对点的使用应该注意主次与疏密之分，以加强服装的整体感。（图2-32～图2-34）

图2-29   图2-30   图2-31

图2-32   图2-33   图2-34

（3）辅料 在女童装设计中，辅料占有重要的地位，如纽扣、珠片、水晶钻、金属环、蕾丝片、绳等。这些以点的形态出现在童装中，往往都具备了一定的功能性，同时还具有装饰性，并起到"画龙点睛"的作用。（图2-35～图2-37）

2.线在女童装设计中的应用

线具有丰富的变化空间，是设计中常用的视觉元素。线有位置、长度及方向的变化，也有形状的变化。线的应用可以产生视错、平衡、韵律、节奏等视觉形态，合理应用可以表现出不同的设计效果。在童装设计中，一般表现为服装的轮廓线、省道线、褶纹线、装饰线、结构分割线、面料线条图案等。

图2-35

图2-36

图2-37

线在女童装设计中表现在服装的造型线、工艺线和饰品线上。

（1）造型线　服装中线的构成形式是造型线，包括轮廓线、结构线、分割线、省道线等。服装的裁片是以各种线的形式表现的，没有结构分割线，服装就难以形成人体的曲线，也就不能达到塑造人体的效果。在童装设计中，线条的使用要求完整、流畅，与面的衔接关系协调一致，尽量避免出现断开的现象。一般应用直线条的较多，给人以单纯、规整的视觉效果；曲线给人感觉圆润、柔和，常用于裙摆、领口、荷叶边等造型，大多应用于女童礼服设计。（图2-38～图2-40）

图2-38

图2-39

图2-40

（2）工艺线　工艺线在童装设计中经常被采用，如滚边、抽褶、绗缝、拼接、线迹等工艺手法，以丰富造型、增强美感。在传统中式童装中可采用滚边、嵌线刺绣等，女童裙子底摆、裤口、袖口、门襟、领边等处经常使用线迹、绣花、流苏、花边等。另外装饰线在童装中也频繁使用，可以应用于服装任意部位，纯粹是为了强调服装的美感而使用的装饰性元素。（图2-41～图2-43）

图2-41 　　　　　　　　　　　图2-42 　　　　　　　　　　　图2-43

（3）饰品线　在童装中体现线的服饰品主要有腰带、围巾、挂饰品、包带以及丝带、拉链等，这些饰品通过色彩、材料和形状的不同变化，就会产生不同的视觉效果，从而达到不同的设计目的。在童装中还可以利用这些饰品排列重叠、粗细长短搭配、交错搭配，以产生丰富的变化，形成层次感和韵律感，达到视觉上的审美。（图2-44～图2-46）

图2-44 　　　　　　　　　　　图2-45 　　　　　　　　　　　图2-46

3.面在女童装设计中的应用

面具有一定的广度，大体上可分为平面和曲面两种形式。可以产生多种形态的面，不同的形态具有不同的特性，同时带给人们视觉和心理上不同的感觉。比如，方形的面给人以安稳、规整的感觉；圆形的面给人以丰富、圆润的感觉；曲面给人以自由、活泼多变的感觉。

面在女童装设计中表现在服装的裁片、零部件和图案上。

（1）服装的裁片　服装造型中的面是由裁片组合而成的，然后由这些裁片缝合到一起，形成一个完整的大面，显得规整大方。在童装设计中，这些裁片可以平整地拼合在一起，也可以重叠出现在某个面上，经过不同的面积、形状、色彩和材质的搭配，使服装的视觉效果丰富、有层次感。不同色彩的服装裁片拼接在一起时，对面的理解会更加突出。在同一件服装中出现多个面的形态，要注意面的大小、疏密、比例以及穿插关系。（图2-47和图2-48）

（2）零部件　童装上的零部件，注意要体现在口袋、领子、袖头等部位。还有一些装饰性的部件，如大披肩领、海军领、大贴袋等。局部面的造型与服装整体相协调时，应考虑形状、色彩、材质以及比例上的变化，这对服装的整体造型是补充和丰富。

（3）图案　设计一款具有特色的女童装，经常会出现大面积的图案，增强人们的视觉冲击力。装饰图案的工艺手法、材质、纹样可以弥补服装的单调，图案上面的形态可以是规则的或不规则的，如有的是规则的方形、多边形，有的是不规则的圆形，各有特色，所以在设计时应考虑儿童的心理所需。（图2-49～图2-51）

图2-47　　　　　　　　　图2-48　　　　　　　　　图2-49

图2-50　　　　　　　　　　　图2-51

4.体在女童装设计中的应用

体在人们的视觉感受中表现为具有一定的形与量的空间形态。在童装中极具立体感的服装造型，在设计中可以通过省道、褶皱、堆积、填充等立体构成方法及手段加以实现。

体在女童装设计中主要表现在服装的衣身和零部件上。

（1）衣身　服装的整体部位，如蓬松的裙身、堆积的褶皱等都是体的表现。对面料进行二次设计，反复多层抽褶，系扎在衣身、裙身某部位，以增强服装的体积感。还有在衣身上面制作较为复杂的工艺，缝制前加以多层衬料、填补使之膨胀，对于女童装设计大多体现在舞台表演性服装和创意装的造型上。（图2-52～图2-54）

| 图2-52 | 图2-53 | 图2-54 |

（2）零部件　为突出服装的局部造型，如少年服装奇特的立体帽、女童装的灯笼袖、蓬松凸起的大领子。这些零部件制作工艺同样很复杂，讲究工艺技巧，对面与面、体与体之间的转折都要精心缝制，可采用立体裁剪方法加以实现，大多也是以儿童创意装为主。（图2-55～图2-57）

| 图2-55 | 图2-56 | 图2-57 |

二、形式美法则在女童装中的体现

在所有艺术设计领域中，其目的都在于创造美与和谐，我们称之为艺术的形式美法则。它是对自然美加以分析、组织、总结，从理论上形成的变化与统一的协调美的集中概括，是一切视觉艺术都应该遵循的美学法则。女童装的形式美法则主要体现在服装的造型、色彩和材料的合理应用上。

（一）比例

在艺术设计中，比例主要是指某种艺术形式内部的数量关系，从形状、量感、面料、色彩材质到细部与衣服之间的比例，这些因素的组合产生出各种各样的童装设计。古希腊科学家最早发现最美"黄金分割比例"，比例是设计的重要参考因素，是时代流行的重要特征。因此，女童装设计中的比例关系一般体现在服装与女童体、色彩与女童装、女童装上衣与下衣之间等方面。（图2-58）

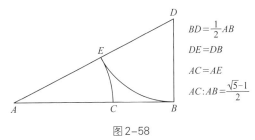

$$BD = \frac{1}{2}AB$$
$$DE = DB$$
$$AC = AE$$
$$AC:AB = \frac{\sqrt{5}-1}{2}$$

图2-58

［黄金分割（Golden Section）是一种数学上的比例关系，具有严格的比例性、艺术性、和谐性，蕴藏着丰富的美学价值。应用时一般取1.618，就像圆周率在应用时取3.14一样］

1.服装与女童体的比例

童体的胸腰臀比例差不是很明显，具有颈部和四肢部位较短等体型特征，我们可以通过服装的比例关系来修饰女童体。比如，可利用腰节线的高低变化改变腰部的效果；可利用裙子和裤子的长短、肥瘦改变女童腿部的线条；可利用上、下装的长短改变身高的比例。所以童装设计技巧可以改变童体的比例，把最美的一面展现给大家。（图2-59）

图2-59

2.女童装的色彩比例

女童装的色彩搭配应注意比例的适当分配，比如色彩的冷暖比例、纯度比例、色彩位置分割、色彩面积的大小安排、色彩在服装上的主次关系等。

3.女童装部件之间的比例

女童装部件之间的比例主要指服装各部位之间的比例关系，如领子与衣身之间的比例关系、衣袖与衣身之间的比例关系、衣长与裙长之间的比例关系、衣袋与衣身之间的比例关系等。各部位要设计合理，才能达到美观的服装效果。（图2-60～图2-62）

图2-60　　　　　　　　　　　图2-61　　　　　　　　　　　图2-62

（二）对比

对比法则广泛运用于各类艺术领域中，当形状、色彩、明暗等量与质相反，或者几种不同的设计要素在一起出现反差时，就形成了对比关系。在女童装设计中最常见的表现形式有：衣身的肥与瘦，裙子、裤子的长与短，面料的软与硬，裁剪中的曲与直等。在追求对比变化的同时，应把握好主次关系。对比的形式具体表现如下。

1.款式对比

女童装的款式千变万化，琳琅满目，但仔细分析都能够找到形式美法则中的对比关系。比如用来显示女童的腰臀比例，就可以在款式设计中体现丰富臀部部位来增强对比，增加视觉上的审美程度。在女童装中设计对比可以体现在款式的长与短、松与紧、宽与窄等方面。（图2-63～图2-65）

2.色彩对比

色彩对比具体表现为色彩的冷与暖、纯度与灰度、明快与暗淡等形式的对比。在女童装设计中应考虑配色对比，如紫、深紫、浅紫的同一配比，橙色与蓝色的碰撞对比等，合理科学地应用色彩的对比，可以使女童装的效果更加丰富并具有审美内涵。（图2-66～图2-68）

3.面料对比

面料对比是女童装设计中的重要元素，既要考虑美观，更要考虑穿着舒适度。女童装面料的选用以及对比关系主要体现在面料的质感上，通过面料与面料之间的拼接组合完成对比效果。比如，面料的柔软与挺括、光滑与褶皱、厚重与轻薄、透明与不透明，使服装形成不同的风格。（图2-69～图2-71）

图 2-63　　　　　　　　　图 2-64　　　　　　　　　图 2-65

图 2-66　　　　　　　　　图 2-67　　　　　　　　　图 2-68

图 2-69　　　　　　　　　图 2-70　　　　　　　　　图 2-71

（三）平衡

平衡是指在某一中心周围，重量与力呈均匀分配的状态。若想保持平衡，就必须依靠以这一垂直轴为中心对称或非对称来处理各设计元素的相互关系。平衡是重量与大小产生的效果，可分为对称平衡和非对称平衡。

对称平衡是造型艺术中极其普遍的构成形式，是指物体或图案在对称轴的左右、上下配置两个或两个以上相等或相近的形态、纹样、颜色、面积。这种形式在女童装设计中体现尤为突出，是常用的设计手法，主要为左右对称、局部对称、回旋对称等。比如，女童套装的对称设计，往往传达出端庄大方、小大人的成熟美感，常常表现在门襟、领子、袖口、口袋等部位。另外，还有结构上、装饰物的对称关系。

非对称平衡是一种非对称状态下的平衡，是视觉艺术中的最高技术，具有微妙的设计效果，可以以不同的形态、面积、重量、密度、大小安排，巧妙地实现平衡。这种形式变化丰富、饶有趣味，更能呈现出精致与动感。实现女童装非对称平衡的方法多种多样，要求设计师具有丰富的想象力和灵感，然后自由地应用与实践。例如，高纯度的颜色具有攻击性，低纯度的颜色则显得柔和，可以将这两者性质加以混合来实现平衡；亮的轻的颜色在上面，暗的重的颜色在下面，可以保持平衡状态。图案的平衡感可以通过其密度和方向来体现，图案的分配要与服装的结构一起考虑，色彩、间距、形态都会带来生动感、运动感和稳定感，更加体现女童生动活泼的性格特征。

（四）强调

为了引起关注与趣味，一件童装中必须有较突出和明显的地方，于是便有了设计上的强调法则。尤其是在女童装上，如果没有能够吸引我们视线的设计，看起来就会显得平凡平庸、缺乏趣味性，就无法满足我们追求变化与审美的感性心理。所以，好的童装设计在使用设计要素时会营造一个重点和突出部位，这就是设计的中心、焦点，起着画龙点睛的作用，其余部件必须对焦点起到补充和完善的作用。

强调法则在女童装中一般适宜于女童礼服或表演服装，主要包括色彩上、装饰上的强调。

1.色彩上的强调

色彩强调需要根据设计主题而定，从设计意图出发，在女童装设计中，一般会选用高纯度的颜色来强调人们的视觉效果。

2.装饰上的强调

装饰是女童装中最重要、最夺人眼球的部件，其表现手法极为丰富。比如，在服装某部位加以花饰、刺绣、立体图案、折叠或镶嵌等，这些装饰是设计师们常用的手段。当然，服装的风格不同，装饰手法也会不同。（图2-72～图2-74）

（五）韵律

韵律也称节奏，原本用于音乐，现广泛应用于各种艺术类别之中，如绘画、建筑、设计、诗歌等，是一种有秩序、有变化、不断反复的运动形式，可为女童装设计增添变化与美妙。韵律能产生轻快而生动的动感，因为有动感，必须有方向性，因此以曲线方法设计女童装比较容易获得韵律感。韵律的类型有如下几个方面。

1.反复

反复是韵律类型中最简单、最基本的要素，就是将设计要素等量、等距地反复，并产生动感，给人以安静和稳定的感觉，但有可能会产生单调、平淡的效果。女童装裁剪上的褶，色彩、

图案的反复使用，饰品在服装某部位的反复使用等，都能产生一定的韵律感。（图2-75）

2.渐变

渐变也是一种重复，即逐渐地向对应的状态或位置变化的过程。这种变化很微妙，是柔和地、有阶段性地创造出丰富的韵律。与单纯的反复相比，渐变是在量、大小、密度、方向上从宽到窄、从大到小，更加富有戏剧性。如女童装衣身或裙片中线的运用，女童喇叭裙的褶皱逐渐柔和地展开，还有色彩融合的渐变，这些都可以营造出优雅、自然的渐变韵律。（图2-76）

3.发射

发射是指从某个中心点向各个方向扩展，或者向内部聚收所产生的韵律，又叫离心韵律或向心韵律，如花瓣、扇子的发射形态。女童装设计中主要体现在工艺线的缝制、装饰材料的运用、多片裙的分割线以及领角或衣身边缘的装饰线上等，这些都可以看成发射韵律。（图2-77）

图2-72

图2-73

图2-74

图2-75

图2-76

图2-77

（六）统一

统一是形式美法则中体现具有规则感的设计原理之一，规则即能创造和谐与美。具有整体的、综合的、调和的特点，各设计要素之间相互融合补充，交融在一个统一的规则服装中，不凌乱，不分散，以达到视觉上的统一感。

在女童装设计中，统一法则主要表现为材质、色彩、图案、工艺装饰等在设计手法上相似或一致，即追求简洁。切忌将多种设计元素凑在一起，以免服装显得杂乱无章。尤其是女童装，既要注重穿着的整体性，又要在统一中赋予变化，大方端庄，活泼又不失单调。从周围环境的角度来考虑服装，这种统一还要符合环境氛围，即符合TPO设计原则。（图2-78）

图2-78

总之，服装的形式美法则是设计师长期实践中积累的经验，并非一朝一夕就能掌握。在进行女童装设计时，更应考虑各要素之间的相互处理关系以及整体与细节的布局，突出儿童的美感，隐藏其弱点，都必须创造出和谐，即和谐与美是设计的终极目标。

第四节　女童装部件细节设计

一、衣领设计

领子在女童装的造型中起着重要的作用，衣领部分靠近人的脸部，是人的视觉中心，装饰的焦点是整体服装上最重要的部分。

在进行女童装部件拓展设计时，要尝试先从各个角度画出外形，根据服装整体廓形为整体造型服务，然后根据服装的比例和量感、形状、位置、大小、色彩等因素综合在一起进行尝试。试着把焦点夸大，要像建筑师那样考虑问题，先构建廓形，再按比例设计，最后进行装饰和附加饰边。局部细节设计不是孤立存在的，既要考虑服装细节设计与整体设计的关系，也要注意细节在整体中的布局，两者相辅相成、协调一致。

（一）无领设计（领口线）

无领也就是衣身上没有加装领子，其领口的线型就是领型。无领是领型中最简单、最基础的一种，以丰富的领围线造型作为领型，简单自然，能展露颈部优美的弧线。一般用于女童夏装、内衣以及休闲T恤、毛衫等的领型设计上。

1.圆形领拓展设计

圆形领又叫基本形领，造型特点是线形圆顺，是基本顺着原型领窝线作变动裁剪而成的与人体颈部自然吻合的一种领型。一般用于女童背心、外套、罩衫、内衣的设计。（图2-79）

2.方形领拓展设计

方形领又叫盆底领，直接在衣片原型的领窝上进行变化。其造型特点是领围线整体外观基本呈方形。这种领型可用于女童背心、罩衫、衬衫等。（图2-80）

3.V形领拓展设计

V形领的外观形状呈V字母形。多用在女童背心、外套、睡衣、套服上。（图2-81）

| 图2-79 | 图2-80 | 图2-81 |

（二）有领设计

有领是领子与衣身单独分开，再通过各种工艺方法缝合在一起。一般与衣身面料相同，也可以设计成另外的材料或色彩，是一种既有领座又有领面的设计。女童装领子外观形式丰富多彩，通常有几个设计因素可以采用，如领座的高低变化、领面的宽窄变化以及领子边缘的线条变化等。另外还有领尖的变化与时代流行相一致，均属于部件细节设计的要点。

有领可以分为立领型、翻领型、驳领型和平贴领型。（图2-82～图2-84）

1.立领型拓展设计

立领是围绕在脖子周围，只有领座而无领面的领型。此领型造型简洁、别致，是中式服装标志性领型，具有东方民族情调。女童装为了便于穿脱，立领都要有开口，以中间或后开口为主。女童装立领的变化也具多样性，如领角呈圆形或直形，与面料结合设计出新造型，也可以在领座上做装饰设计。一般女童表演服装使用居多，其次是中式童装、中式棉袄等。

图2-82   图2-83   图2-84

2.翻领型拓展设计

翻领是领面向外翻折的一种领型。翻领有加领座和不加领座两种形式，可根据个人喜好或服装风格而定。翻领的外形变化范围非常广泛自由，形式变化多样，领面的宽度、领的造型以及领角的大小等都可根据设计的要求酌量增减。在领面的装饰上可以加刺绣、镂空或立体花饰、花边等。这种领型不太适合幼童，一般用在6岁以上大女童的衬衫、连衣裙、风衣、外套上。

3.驳领型拓展设计

驳领由领座、驳头、翻领组成，驳头与衣片连在一起，是典型的成年人西服领型。驳头的式样造型讲究，工艺严格且复杂，驳头与领子部分要平整贴体。驳头的宽窄、长短在设计上稍作变化，可根据流行趋势加以设计。此种领型在女童服装运用较少，但一般用于女童外套上。

4.平贴领型拓展设计

平贴领也称为"娃娃领"，是一种仅有领面没有领座的领型，整个领型平铺在前胸或肩背部。在设计这种女童领型时应注重领面的大小、宽窄的变化，以平复在衣片上。平贴领的设计空间较大，可以在领边做装饰，如镶边、丝带、蝴蝶结、钉珠、贴钻等。还可以设计成双层或多层次的领片，产生重叠的效果。此领型在女童装中应用广泛，如连衣裙、衬衫、外套、制服等。

二、衣袖设计

衣袖是服装设计中非常重要的部件，在视觉上给人以平衡的感觉，因此造型和形态对衣身造型影响也非常大。女童袖子的形态影响服装的整体氛围，体现出一种和谐美。袖山与袖身设计不合理就会影响人体活动，尤其在女童装的设计中更应注重袖子的适体性。

女童装袖子的种类较多，按照袖型可分为泡泡袖、喇叭袖、花苞袖、马蹄袖、灯笼袖等；按照袖子长短可分为长袖、八分袖、中袖、半袖、过肩袖、无袖等；按照袖子结构可分为装袖、插肩袖、连身袖、无袖等。

1.装袖

装袖是衣身与衣袖分开裁剪后，采用工艺手段在臂根处进行缝合，是服装中应用最广泛的一种设计。装袖的工艺要求很高，要符合肩部造型，缝合接缝处要平顺，不能出现角度或起包现象。此造型在女童装中应用最多，一般可分为圆装袖、平装袖。在此基础上变化成各种各样的袖子类型，如女童泡泡袖、灯笼袖、花瓣袖、垂褶袖、喇叭袖等。（图2-85～图2-87）

图2-85   图2-86   图2-87

2.连身袖

连身袖是指衣身和袖子相连，肩部无拼接线，不经过单独裁剪的袖型。其特点是款式工艺简单，结构舒适，适合儿童自由活动。但由于是直线裁剪，不能像装袖那样合体，当衣袖下垂时，腋下会出现褶皱，因此应该考虑应用柔软的材料，如纯棉布、真丝、针织布、弹力尼、莱卡面料等。此袖型特别适用于婴幼儿服装，如女童起居服、睡衣、练功服等。

3.插肩袖

插肩袖是指袖山线延伸到领围线，或延伸到肩线，也可称过肩袖。此袖型线条简洁、修长洒脱，大多用于女童风衣、大衣、运动服、休闲外套、毛衣等。在此基础上袖型也可变化多样，如袖山高低、袖身长短肥瘦、袖口大小、边缘抽褶等。在设计的同时，必须考虑到与衣身整体造型统一协调，根据儿童的体型特征和性格特征，掌握不同的袖型变化特点以便获取更加适体的效果。（图2-88～图2-90）

图2-88   图2-89   图2-90

4.无袖

无袖指没有袖片，把袖窿线作为袖口。其造型简单、利落、轻松自由，大多用于女童装设计，尤其适合女童夏季穿着。此袖型应用广泛，变化多样，设计师可在袖窿口处做各种工艺及装饰设计，如抽褶、滚边、刺绣、压花、镶嵌等。（图2-91～图2-93）

图2-91

图2-92

图2-93

三、衣袋设计

衣袋也可称衣兜、口袋，是整体服装中的主要部件，既有实用性，又有一定的装饰性。其造型特点千变万化，可增加服装的立体性、层次感以及童装的趣味性。女童装的口袋设计往往是人们视觉的中心，设计师可根据服装整体特点进行设计，位置、大小、形状的变化最为自由。

1. 贴袋

贴袋是将面料剪成一定的形状贴附于服装主体之上、袋型完全外露的口袋，又叫"明袋"。根据空间存在方式，贴袋又分为平面贴袋和立体贴袋；根据开启方式，分为有盖贴袋和无盖贴袋。因为不受工艺的约束和限制，贴袋的位置、大小、外形变化最自由，最容易吸引人的视线。贴袋的设计更要注重与服装风格的统一性，一般倾向于休闲随意，自然有趣。

贴袋在女童装上用得最多，而且经常是童装上最吸引人的地方。形状可自由变换，如心形、动物形、花形、卡通形、字母形的造型等都可以被借鉴；工艺手法可以用拼接、刺绣、镶边、褶裥等；口袋边缘也可以经过不同的工艺处理，使之更加富有装饰性。总之，女童装上贴袋的设计可使得整件服装丰富生动、意趣盎然。（图2-94）

2. 暗袋

暗袋是在服装上根据设计要求将面料挖开一定宽度的开口，再从里面衬以布袋，然后在开口处缝接固定的口袋，又叫开袋或者嵌线袋。暗袋的特点是简洁明快，从外观来看只在衣片上留有袋口线。袋口一般都有嵌条，根据嵌条的条数可把暗袋分为单开线暗袋和双开线暗袋两种，但对工艺的要求很高。暗袋多用于女童西装、大衣、外套中，或牛仔套装、外套、羽绒服、马甲、运动装中，外观比较规整含蓄。暗袋也可分为有盖暗袋和无盖暗袋。（图2-95）

3. 插袋

插袋是一种设计在服装结构线上的形式，因为插袋的袋形也是隐藏在里边，在工艺上与暗袋相似。在结构缝线上留出口袋宽度，儿童的手较小，在口袋开口处应较宽松些，在衣片之间加口袋里布。插袋隐蔽性好，外观与接缝浑然一体，服装风格含蓄高雅、成熟宁静。在女童装设计中，风衣、大衣、裤装、裙装、牛仔装、外套、茄克等均可经常使用插袋。设计时还可以在袋口处作一些装饰，如线形刺绣压花、条形包边等，以增强女童装美感。由于插袋在接缝处，所以制作时要求直顺、平服，与接缝线成一直线，工艺要求较高。

4.假袋

纯粹装饰性的口袋，没有实际功能。从外表上看与实用型口袋相差无几，但实际上不能使用，完全是为了外观造型的需要而进行的装饰。童装中常用假袋作为装饰。（图2-96）

总之，大多数口袋是以实用性为主，女童装中的口袋在形状、工艺、结构、材料上应与服装整体相协调。设计师要注重儿童的舒适性以及流行因素的影响，在此基础上即可设计出多样化的艺术效果。

图2-94   图2-95   图2-96

四、腰节设计

腰节设计指的是上装或上下相连服装腰部细节的设计。腰节设计是服装中变化非常丰富的细节设计，腰节的高低变化可以调节儿童的身材比例。中腰设计强调标准的比例，高腰显示身材的修长，低腰则颇具流行感。腰节设计在大女童中尤为突出，因为这个时期的女孩身材已凸显，胸腰臀的比例有明显的差距。婴幼童的腰节设计要宽松舒畅，活动自由，不需要任何装饰，可采用松散式样。

腰节设计除了高低变化之外，还有许多种设计手法，如进行收腰设计时，可以使用褶裥设计、抽褶设计或使用松紧带、罗纹带设计，还可以使用装饰腰带设计，或通过绳带设计在腰部系成蝴蝶结或花结。（图2-97～图2-99）

图2-97   图2-98   图2-99

五、门襟设计

门襟是服装设计中非常重要的部位，处于上衣前身，是人们视觉的中心。门襟的设计方法、制作工艺、装饰手法等非常丰富，外观种类较多，因此是女童装中的设计焦点。

门襟根据服装前片的左右两边是否对称可分为对称式门襟和偏襟。对称式门襟也叫中开式门襟，是最常见的门襟形式，门襟开口在上衣身的前中线处，由于人体的左右对称性，大多数童装都使用对称式门襟，给人以安静、规整之感；偏襟也叫侧开式门襟，其设计相对比较灵活，具有生动的均衡美，多运用于女童民族风格服装设计中。

门襟还可分为闭合式门襟和敞开式门襟。闭合式门襟是通过拉链、纽扣、粘扣、绳带等不同的连接设计将左右衣片闭合，这类门襟比较规整，具有实用性功能，在女童装中使用得较多；敞开式门襟不加纽扣、绳结等，如女童毛衣开衫、小披肩、小外套等多使用这类门襟。

此外，门襟从制作工艺角度还可以分为普通门襟和工艺门襟。普通门襟就是用最基本的制作工艺将门襟缝合或熨平；工艺门襟则是通过镶边、嵌条、刺绣等方式使门襟具有非常漂亮的外观，其形状富有变化，如曲线形、曲直结合形等。门襟还可以根据厚度和体积分为平面式门襟和立体式门襟。将面料层叠、抽褶、系扎或者经过其他工艺手段处理形成一定体积感的门襟则属于立体式门襟，它具有较强的艺术效果，特别适合女童装的设计。女童服装在设计上相对花哨一点会显得活泼可爱，所以在门襟的设计上花样繁多。（图2-100～图2-102）

图2-100

图2-101

图2-102

第五节　女童装结构线设计

服装结构线设计是指服装各部位的拼接，构成服装整体形态，主要是体现结构的合理性、舒适性以及装饰美感。根据人体、结合面料的特性来选择结构线的处理方法，使人体、结构、材料更加合体。女童装结构线主要包括分割线、省道线、褶等。

一、分割线

分割线又叫开刀线，主要功能是从造型需要出发将服装分割成几部分，如衣身前后片、裙子前后片、侧缝、袖片、领片等，然后再缝合成衣，以求适体美观。分割是连接面与面之间的纽带和桥梁，通过分割可以重新塑造服装的空间和造型。服装的分割既能明确造型，又能确定款式的基本骨架，还能增强服装的层次，所以既具有实用功能，又能起到装饰的作用。为了塑造较完美的造型和显示女童装特有的活泼趣味，以及迎合某些特殊造型的需要，女童装中经常使用较多的分割线造型。

1.直线分割

直线分割是指服装成型以后呈现出直线的效果，一般体现在女童装的肩线、后中线、胸围线、腰节线等部位，可以采用水平分割或垂直分割，给人以舒展平和、沉静安稳、修长挺拔的静态美。（图2-103）

2.曲线分割

曲线分割在女童装中应用较多，分割后呈现出线条首尾不相连的弧线效果，能展现人体的最佳状态。女童装中的公主线、裙子底摆处等，可以分割成可爱温柔的圆形、柔顺的椭圆形和轻巧美丽的波纹形等。（图2-104）

3.结构分割线

结构分割线是指具有塑造人体体型以及加工方便特征的分割线。结构分割线的设计不仅要设计出款式新颖的服装造型，而且要具有更多的实用功能性，并且尽量做到在保持造型美感的前提下，最大限度地减小成衣加工过程的复杂度。（图2-105）

以简单的分割线形式，最大限度地显示出人体轮廓的重要曲面形态，是结构分割线的主要特征之一。例如，背缝线和公主线可以充分显示人体的侧面体型；肩缝线和侧缝线则可以充分显示人体的正面体型。

图2-103   图2-104   图2-105

二、省道线

省道设计是为了塑造服装合体性而采用的一种塑形手法。人体是曲面立体的，而布料却是平面的，当把平面的布披在凹凸起伏的人体上时两者是不能完全贴合的。为使布料能够顺应人体结构，就要把多余的布料裁剪掉或者收褶缝合掉。被剪掉或缝褶的部分就是省道，其两边的结构线就是省道线。

根据女童人体原理，胸腰臀差别不明显，省道线在大龄女童装中应用较多，一般不适合婴幼童服装。（图2-106和图2-107）

图2-106   图2-107

三、褶

1. 自然褶

自然褶是利用布料的悬垂性以及经纬线的斜度自然形成的未经人工处理的褶。自然褶的皱褶起伏自如、优美流畅，而且还会随着人体的活动产生自然飘逸的韵律感。由于自然褶自然下垂、生动活泼，具有洒脱浪漫的韵味，所以多运用在女童装夏季连衣裙、衬衣、上衣的胸部、领部、腰部、袖口等处，如领子的涡状波浪造型、胸围线以下的皱褶处理、层叠的曲线底摆等。由于自然褶的形成会有许多平面结构设计中意想不到的美妙效果，所以许多设计师在进行设计时都热衷于对自然褶的使用。（图2-108和图2-109）

2. 褶裥

人工褶中最有代表性的是褶裥。褶裥是把面料折叠成一个或多个有规律、有方向的褶，然后经过熨烫定型处理而形成的。褶裥是活动的，在静态时是收紧的，而在人体运动时就会自然张开，富于变化和动感，既有装饰性，又为人体提供了活动的空间。所以褶裥给人以整齐端庄、大方高雅的感觉。根据折叠的方法和方向不同，褶裥可分为顺褶、箱式褶、工字褶、风箱式褶。通常情况下，褶裥都是垂直排列的，当然根据不同的设计目的也可倾斜排列或水平排列。另外，在应用褶裥设计时一定要注意面料的选择，采用耐熨烫、定型好的面料，否则不易定型就会起皱没有规则，影响服装穿着效果。主要体现在套装裙、披风、风衣、大衣上等。（图2-110～图2-112）

图2-108   图2-109

图2-110   图2-111   图2-112

3.堆砌褶

　　堆砌褶是一种面感和体感较强的人工褶，利用衣褶的缠绕堆砌在服装上形成强烈的视觉效果。服装中运用堆砌褶的部位一般都会成为设计中的视觉中心。堆砌褶对服装材料的表面效果影响很大，能在面料上形成很好的肌理效果，可以说是对服装材料的再创造，如在服装某部位堆砌手工绢花、缝扎成褶的配件等。堆砌褶常用在儿童礼服、节日盛装、表演装中，日常生活装中则较少使用，一般使用较为柔软华丽的面料。（图2-113～图2-115）

| 图2-113 | 图2-114 | 图2-115 |

4.抽褶

抽褶又叫细皱褶，操作手法就是用大针脚缝后抽线形成不规则的碎褶。通常针脚大小不固定，也可以采用橡皮筋作底线来获得这种细褶。这种抽褶方法操作简单，且应用非常广泛，尤其是在女童装设计中。抽褶位置大多应用于领口、裙边、袖口、前胸、衣服底摆处等，无论是整体设计还是局部设计均用途较多，给人以浪漫流畅、动感时尚的感觉。当然，还可根据女童装的某一季度流行趋势而设计。（图2-116～图2-118）

| 图2-116 | 图2-117 | 图2-118 |

总之，在进行女童装结构线设计时，可根据不同款式风格和造型特征，巧妙地运用分割线、省道、褶裥以及服装局部细节的变化，使女童装的造型更加丰富多彩、协调优美。

第三章

女童装设计过程

在女童装设计过程中，色彩是首先要考虑的因素，它直接影响到人们怎样欣赏你的服装或者服装系列，所以通常是设计的开始。

第一节　童装配色与其他因素

一、女童装基础配色

色彩是视觉设计三要素中视觉反应最快的一种要素，当我们带孩子到服装店选购衣服时，首先映入眼帘的是服装的色彩、花型和配色，其次才是款式。所以童装的色彩设计是整个童装设计中不可缺少的重要一环，而色彩表达的关键在于色彩的搭配与组合后产生的意境。

1.色彩的基本属性

颜色是所有物体具有的特性。由于不同波长的光波对眼睛造成不同的视觉感受，所以在传递、反射或放射过程中就产生了颜色。人们应了解色彩的基本理论，以便为女童着装时有目的地选择或搭配。（图3-1）

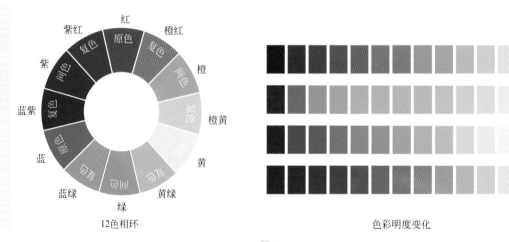

12色相环　　　　　　　　　　　　色彩明度变化

图3-1

原色：红、黄、蓝这三种颜色无法由其他颜色混合而成，但是三原色可以调配出其他所有颜色。

间色：绿、橙、紫分别由两个原色调配出来。

复色：橙黄、橙红、紫红、紫蓝、蓝绿、黄绿，这些颜色是由一个原色和一个间色调配出来。

补色：红与绿、蓝与橙、紫与黄，在色相环上是相对的，在设计女童装时运用这些相对颜色是最具有活力的搭配。

类似色：在12色相环上相临近的两种颜色。

对比色：在12色相环中两两相对的颜色或冷暖色系相对的颜色。

明亮色：由一种颜色加白色调配出来的颜色，如红色＋白色＝粉色（注意加入白色的比例）。

深暗色：由一种颜色加黑色调配出来的颜色，如红色＋黑色＝深红（注意加入黑色的比例）。

色调：就是一种或几种颜色的深浅程度。

纯度：对色彩的饱和度呈现出的效果或颜色所含色素的密度。

冷暖色：在12色相环中是相对的，大致红、橙、黄为暖色系，蓝、绿、紫为冷色系，但两种色系中仍然含有微妙的冷暖对比关系。

无彩色：就是黑、白、灰三种颜色，可以与其他任何一种颜色搭配。

2.色彩的感情效果

色彩是女童装设计的灵魂，能够传达一定的情感。儿童看到自己喜爱的服装颜色时，也会产生联想，这种联想不会受性别、年龄、个性的影响。比如，看到红色会联想到太阳、火，看到黄色会联想到小鸭子、香蕉，看到白色会联想到大白熊、小兔子等，这是儿童特有的思维方式和心理作用。

女童装色彩的感情效果是华丽还是普通，是高尚还是低俗，也往往影响着人们的心情。通常，冷色、低明度、低彩度的色泽营造的氛围是内向的，而高明度、高彩度的色泽给人感觉是外向的、活泼的。所以，温暖、明亮、清爽的颜色通常给人以进取、活跃的感情效果，尤其是女童装的色彩运用更应考虑儿童的心理特征。

色彩有轻重之感，明度高的色彩给人以轻快感，明度低的色彩给人以沉重感。通常情况下，冷色显得重，暖色显得轻，彩度低的显得重，彩度高的显得轻。在自然法则中，轻的放在上面，重的放在下面，这样能产生稳定感，女童装在轻重配色时也这样做是较为理想的搭配。（图3-2）

图3-2

3.色彩配色组合法则

配色是将两种以上的色彩并置后产生一种新的视觉效果，目的是通过合理的搭配能够产生和谐与美的艺术感。

同一色搭配：深浅不同的两种同一类颜色配色，如咖啡色与米色、玫粉与浅粉、钴蓝与水蓝等。（图3-3）

类似色搭配：两种相邻的颜色搭配，如红色与橙色、黄色与浅绿色等。（图3-4）

对比色搭配：两种相对的颜色搭配，如紫与黄、红与绿等。（图3-5）

冷暖色的搭配：冷暖色彩配色效果较强烈，如红色系与蓝色系、橙黄色系与紫色系等。（图3-6）

有彩色与无彩色的搭配：这两种色系之间配色相互协调，如红与白、粉与灰。（图3-7和图3-8）

图3-3　　　　　　　　　　图3-4　　　　　　　　　　图3-5

图3-6　　　　　　　　　　图3-7　　　　　　　　　　图3-8

　　明度差距很大或者彩度非常饱和的颜色相搭配，视觉冲击力较强，而且很难控制。生活中女童装设计应避免这种搭配，但如果出现红与绿相间时，可采用黑色或白色相搭配，从而缓和对比强烈的生硬感。女童装在配色上，如果采用较强的对比色或很大的明度，可以强调和集中人们的视觉注意力，具有很强的感染力；纯色刺激性较强，彰显华丽，适合女童舞台表演服装。

　　服装色彩使用较多或三种以上的颜色要进行比例上的调和与搭配时，要安排好颜色的秩序，按照美学法则或设计师的经验，需要在整体上有自然、稳定的效果，才能给人以美感和愉悦。（图3-9）

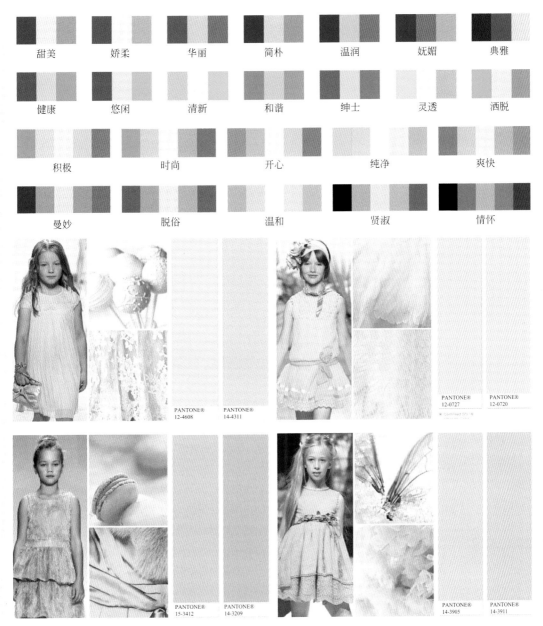

甜美　娇柔　华丽　简朴　温润　妩媚　典雅

健康　悠闲　清新　和谐　绅士　灵透　洒脱

积极　时尚　开心　纯净　爽快

曼妙　脱俗　温和　贤淑　情怀

图3-9

二、女童装色彩的采集与重组

1.色彩采集

女童装色彩采集的素材非常广泛，可以从大自然界、动物界、现代科技、绘画艺术领域等吸取，也可借鉴民族文化、民间艺术激发灵感。

四季色彩：春季可采用鲜明丰富、五彩缤纷的色调，夏季可选择清新凉爽的色调，秋季可采用成熟温和的落叶色，冬季则采用平稳沉着、含蓄的色调。（图3-10）

图3-10

花卉、草木色彩：迷彩、军绿、橄榄绿、古铜色。（图3-11）

迷彩色

古铜色

图3-11

绘画色彩：传统水墨中黑白灰的绘画意境，或西洋绘画中印象派、立体派等元素。（图3-12）

图3-12

民间色彩：青花色、蜡染色、中国红等或异域文化色彩。（图3-13）

图3-13

2. 色彩重组

色彩重组是对采集后的素材色彩加以分析、概括、提取借鉴的设计意图进行重新组合、变化。将较为复杂的图形概括为几何形，或将整块颜色分解成均等的小块色彩，从色彩的需要进行取舍或并合；根据物体之间的相似性、关联性，在似与不似之间组合成全新的结构或色彩，运用到女童装设计中。

按色彩面积的大小比例进行重组，改变设计中的色块大小，可进行不同形状的重新组合。在重组色块过程中，为了设计需要，可扩大某些局部色彩的面积，也可缩小大面积的色彩，以产生新的色彩构成和视觉效果。（图3-14）

图3-14

三、女童装色彩与材料之间的关系

　　色彩与材料关系紧密，可以说看到色彩就看到了所应用的材料。因此，我们在配色时不但要考虑色调的搭配而且要结合面料的选择。

　　目前，市场上的纺织品类材料较多，但是同一花色，由于原料的性质不同，做成服装的效果也是不同的。不同纤维构成的面料或同种纤维不同组织结构的面料，会因光源的反射与环境的氛围而不同，即使是同一种色彩的颜色，也会因材质的变化带给人们不同的感受。比如，同样一种蓝色，在丝绸面料使用就会显得华丽优雅；在呢绒面料使用则会显得沉静安稳；在牛仔面料使用会显得有活力、青春；在雪纺纱面料使用就会显得清新凉爽。所以，在设计女童装时应重点考虑两者之间的关系。

四、女童装色彩与肤色、体型、年龄之间的关系

　　皮肤洁白的女童，一般来说不论配什么颜色都较合适，都显得美观而又文雅，尤以选配鲜艳、明亮的色彩为佳。皮肤较黄或青黄的女童，在服装配色时应尽量避开黄色、灰黑色和墨绿色，而应选配柔和的暖色调，如红、橙等色，以使皮肤显得红润健康，否则会显得皮肤更黄。皮肤较黑的女童，不宜选配深暗色的，而应用对比鲜明的色彩。按照一般服装配色规律，肤色越黑则越适合选用对比较强的色调，以使服装显得更鲜艳夺目。

女童各年龄段的色彩：婴幼童要采用明亮的色调，以浅色为主；大童的色彩可以丰富多彩，或鲜艳明快，或成熟稳重，或清新亮丽。女童体型上的差别，可用不同颜色来掩饰不足，如女孩的腿部较粗，可采用深色。

五、女童装配色与流行色的关系

"流行色"和"常用色"是相对而言的，是指在一定的社会范围内、一段时期内被大多数人接受或采纳，在人群中广泛流传的带有倾向性的色彩。如果一种新色调受到当地人们的接受并风行起来，就可以称之为地区性流行色；如果这种新色调得到国际流行色委员会的一致通过，而向世界发布，这就是国际流行色。

流行色的特点分为两个方面。一是时间性流行，即按春夏、秋冬的不同季节来发布，且发生于极短的时间内。它可能影响一个时代的色彩，但不足以改变时代的色彩特征。二是区域性流行，不同的民族、不同的地域有着不同的民族个性和生存方式，表现在流行状态上也会有所差异。

儿童时装受流行色的影响较多，能够跟上色彩的国际流行色也是时髦、时尚的标准之一。大多数女童装是在考虑儿童心理和生理需要的基础上，再考虑流行色的使用。流行色的应用不应盲目，女童装流行色往往是设计师利用和把握的重要工具，有经验的设计师会借用流行色的影响，勾起人们追求流行的欲望，从而达到渲染的目的，但必须与服装的穿着场合、款式特点、整体风格结合起来。

2015春夏红色调开始向粉红色调转变，柔和的粉色、康乃馨粉色以及花瓣粉色为2015春夏构成粉红色调的主要色彩。在2015春夏，粉红色重点要体现柔美感，花朵看上去要温馨，也符合我们"聚焦"趋势的怀旧浪漫风。(图3-15 ~ 图3-17)

图3-15   图3-16   图3-17

六、女童装不同年龄段的色彩设计

1.婴儿服装

婴儿睡眠时间长，眼睛适应力较弱，服装的色彩不宜太鲜艳、太刺眼，应尽量少用大红色作衣料，一般采用明度、彩度适中的浅色调，如白色、浅红粉、浅柠檬黄、嫩黄、浅蓝、浅绿色等，以映衬出婴幼儿纯真娇憨的可爱。而淡蓝、浅绿、粉色的色彩则显得明丽、灿烂，白色显得纯洁干净。服装花纹也要小而清秀，经常使用浅蓝、粉红、奶黄等小花或小动物图案花纹。（图3-18）

图3-18

2.幼儿服装

幼儿服装是否好看，装饰是否得体到位，首先取决于色彩的搭配。幼儿服装色彩以鲜艳色调或耐脏色调为宜。

幼童服装宜采用明度适中、鲜艳的明快色彩，以与他们活泼好动、喜欢歌舞游戏的特征相协调。幼儿服装常采用鲜亮而活泼的对比色、三原色，给人以明朗、醒目和轻松感。以色块进行镶拼、间隔，可收到活泼可爱、色彩丰富的效果。如在育克、口袋、领子、克夫、膝盖等处使用鲜明的色块拼接；或利用服装的分割线，以不同的色块相间隔。尤其是在柔和色系的女童装中，将色彩块面与小碎花图案间隔拼接，可产生极佳的服饰效果。（图3-19）

图3-19

3.小童服装

小童期儿童的服装色彩与幼儿相似，这时的孩子有好学好动的特点，喜欢看一些明度较高的鲜艳色彩，而不喜欢含灰度高的中性色调。设计时可选用一些明亮、鲜艳的色彩和比较醒目的富有童趣的卡通画、动物、花卉来进行装饰，以表达孩子们活泼、天真的特点。另外，也可以根据个人特点和需要选用浅色组。（图3-20）

图3-20

4.中童服装

中童正处于学龄期,进入小学后的儿童服装色彩要依场合而定。可以使用较鲜艳的色彩,但不宜用强烈的对比色调,主要出于安全和低龄学童的心理考虑,以免分散学生上课的注意力。一般可以利用调和的色彩取得悦目的效果,节日装色彩可以比较艳丽,校服色彩则要庄重大方。中童也存在体型和肤色上的千差万别,性别和年龄也是色彩心理的生理依据之一,影响着服装色彩的审美评价与偏爱。中童服装的冬季色彩可选用深蓝、浅蓝与灰色,土黄与咖啡色,墨绿、暗红与亮灰;春夏宜采用明朗色彩,如白色与天蓝色、浅黄色与草绿色、粉红与黄色等。另外,也可利用面料本身的图案与单色面料搭配。(图3-21)

图3-21

5.大童服装

大童服装的色彩多参考青年人的服装色彩,要降低色彩明度和纯度。色彩所表达的语言和含义都要适合他们,少年装色彩主要表达积极向上、健康的精神面貌。但是又要比成年装的色彩显得青春有活力,因此灰度和明度也不能太低。夏季日常生活装可选择浅色偏冷的色调,冬季可选择深色偏暖的色调;学校制服颜色稍偏冷,色彩搭配要朴素大方,如白色、米色、咖啡色、深蓝色或墨蓝色等色彩的搭配;运动装则可使用强对比色彩,如白色、蓝色、红色、黄色、黑色等的交叉搭配。(图3-22)

图3-22

第二节　女童装图案设计

　　图案是女童装设计的重要组成部分。相对来说童装款式、面料、色彩都有各自的局限性，而图案设计空间则是无限的。根据儿童的心理特点，他们容易对世界万物产生好奇心，自然界当中的花鸟鱼虫、动物、人物、植物，还有字母、卡通图案等，不仅会带来强烈的视觉惊喜，而且具有浪漫天真的童趣性，可以延伸女童装的文化内涵，提升女童装的整体品质。

一、女童装图案设计种类

1.女童装图案形态

　　女童装图案可分为两大类，即具象图案和抽象图案。具象图案一般为写实图案，包括各种小动物、卡通人物、数字、字母、花卉等。这样的图案很容易被儿童接受认知，符合儿童的心理特征，让儿童一眼就能认出图形，从而产生喜爱之情。（图3-23～图3-25）

图3-23　　　　　　　　　　图3-24　　　　　　　　　　图3-25

抽象图案是对已有的写实图案进行变形和概括，以写意的变形手法加以体现，传达一种抽象的设计理念，注重感觉和情感的表达。抽象图案在女童装中表现为自由无序，给人以想象的空间感。（图3-26～图3-28）

图3-26　　　　　　　　　　图3-27　　　　　　　　　　图3-28

2.女童装构成形式

也称图案的组织形式，就是组织管理和安排图案的形式，可分两大类，即单独形式和连续形式。单独形式具有相对独立性，并能单独用于装饰，不受外形和任何轮廓的限制，布局比较自由、丰富，形态完美。一般可以用在女童装领口、袖口、裙摆、裤口处。纹样在服装中比较规范，可以使用任何一种形状，比如正方形、圆形或其他变形的形状，一般可用在女童装前胸或后背位置，能产生较强的视觉效果。（图3-29～图3-31）

图3-29　　　　　　　　　　图3-30　　　　　　　　　　图3-31

连续形式是将单位纹样按照一定的格式做有规则的重复排列，图案的长度和面积可以无限延伸，可分为二方连续和四方连续。二方连续比较适用于女童装的饰边，如用在领边、袖口、裙摆边、前门襟等位置，装饰性比较强，常见于女童民族服装、各种民族演出服等。而四方连续则体现在纺织印染面料上，常用于抽象图案或写实图案，设计师可根据儿童的心理特征来选择连续纹样的服装面料。（图3-32～图3-34）

图3-32

图3-33

图3-34

二、女童装图案设计要点

女童装的图案设计，是一个需要深思熟虑、反复推敲的创造过程，这样才能使图案更完美地与整体服装相结合并起到画龙点睛的艺术升华作用。要想更好地表达设计思想，足够的经验积累及对一基本要领的把握必不可少。女童装图案的设计要点可归纳为以下四点。

1.适应整体服装的功能

服饰图案应从属于服装特定的功能，与之统一协调。如冬天的童装有保暖功能，图案设计也要适应整体服装的这种功能，表现温暖的感觉，因此要用暖色调的配色，用毛、皮、金属等工艺材料进行制作，力求给人厚实、暖和的心理感觉；夏天的童装则将散热排汗的功能放在首位，图案同样要服从于这一功能，尽量用清爽的配色，适应面料单薄的工艺。

2.与整体服装统一风格

服装风格千变万化，不论是设计者、生产者还是使用者，由于时代氛围的熏染、民族文化的陶冶以及个人审美情趣的影响，总会对服装的风格表露出自己的追求和倾向。作为服装重要组成部分之一的服饰图案，在与其他因素保持和谐统一的前提下，才能实现装饰意义，并以相应的面貌对服装的整体风格起到渲染、强调的作用。如女童装中的牛仔服，风格特点始终是质朴、粗犷、充满朝气和活力，因此其图案装饰常用手段如拉毛、抽丝、机绣、拼接等，常用的材料如皮革、铆钉、铜牌、其他粗布等，常用形象如牛头、花卉、文字抽象形等，都服从于服装本身的固有风格，并且极力渲染、强调这些固有特点。

3.与服装款式和结构相贴切

服装款式就好比图案的外框架，图案设计就好像做"适合图案"，必须接受款式的限定，并以相应的形式去体现其限定性。比如款式宽松的休闲T恤，可供装饰的面积也比较大，因此图案布局也常常饱满宽大，色彩鲜明；服装结构作为支撑服装形象的内在框架，对图案形象和装饰部位也有严格的限制，图案设计同时也要适合结构线围成的特定空间。

4.选择恰当的位置

图案的位置不仅要考虑图案与服装的关系，更要考虑图案与儿童本人的关系。女童服装上可装饰的部位很多，仅仅上衣就有领、袖、肩、胸、背、腰、下摆、边缘等。按照人们的习惯心理和标准的审美观念，同样的图案在不同部位往往会造成不同的视觉效果和精神风貌，引起不同的心理联想和审美评价。如图案在前胸部位能够起到引导视线、形成视觉中心、突出图案形象的作用，是女童装常见装饰部位，通常会给人以端正、稳定、明朗自信的视觉效果及审美感受。如果同样的图案移到腹部，人的视觉中心下沉，图案往下掉，而且夸大腹部，便会给人不美的心理感受。

三、女童装图案的运用形式

图案从概念上说是指按照一定的组织结构规律，经过提炼、概括、取舍、变化而形成的图形。跟所有服装图案运用形式一样，童装图案的运用形式也分为对称形式、平衡形式、适合形式和强调形式。

1.对称形式

对称是自然界中极其普通的构成形式，无论是人物、动物、植物，其基本结构都呈对称状态。在女童装中对称体现在一条中心线的上下或左右，及两个部分的形态、纹样、颜色、面积大小相等或相近。比如在服装的门襟边缘、领部、袖口、口袋边、裤脚口、裤侧缝、肩部、前衣片、下摆等部位进行装饰，一般采用对称的形式，以增强服装的轮廓感，体现平稳、安定、和谐的特点。这种对称图案装饰性很强，但在女童装设计中要尽量避免出现呆板的感觉，在民族风格服装中常用这种图案形式。（图3-35～图3-37）

图3-35 图3-36 图3-37

2.平衡形式

平衡是非对称结构状态下动态或形态上的变化，通过"同形等量"或"异形等量"的手法在人体服装上达到一种平衡的视觉效果。比如女童连衣裙中右胸部和左裙摆的图案，位置不同，图案相同；口袋面积大小相同，但图案不同。这样既形成一种生动的不对称形式，又达到一种视觉上的平衡，体现出女童装设计生动活泼、富于变化的风格。（图3-38～图3-40）

　　3.适合形式

　　适合就是将一个或几个完整的图案形象，合理科学地安排在一个完整的服装廓形内。这个轮廓可以是整个肩部设计图案，或整个前衣片的图案，以及领面、口袋、袖头等部位。（图3-41～图3-43）

图3-38　　　　　　　　图3-39　　　　　　　　图3-40

图3-41　　　　　　　　图3-42　　　　　　　　图3-43

四、女童装的总体图案装饰设计

　　童装的总体图案装饰设计类型分为单品装饰、配套装饰和系列装饰三种。

1.单品图案装饰

重点是对单件服装、单个配件本身图案的把握和塑造，只考虑单件服装或者配饰的风格特点，设计自由度很大，可塑性强，适应性广，是一种最常见、最基本也较为单纯的设计。比如，单件连衣裙上的图案、单件头饰或单件拎包等，是相对独立的设计。

2.配套图案装饰

指相似或相同的图案将服饰的各个部分有机地联系、组合起来，从而形成一种固定搭配的装饰设计，应突出装饰中心或主调，次要部分则是呼应、衬托，以追求整体的协调性和完整性。

配套服饰图案设计的关键在于主次、点缀关系的处理。装饰重心应放在视觉中心的部位，可以取得较为庄重、典雅的效果；若要取得新颖、别致的效果，则要将装饰中心偏离视觉中心，减弱甚至取消图案的主从关系。比如上衣和帽子用同一图案基调统一起来，形成固定搭配；单件女童连衣裙的图案设计，与单件手包上的图案或头饰上的图案格调相互搭配。（图3-44～图3-46）

图3-44　　　　　　　　　　图3-45　　　　　　　　　　图3-46

3.系列图案装饰

指多套服装通过一定的装饰图案而取得紧密的联系，相互呼应形成一个系列，同时每套衣服又是完整和独立的，并具有自己的个性特色。系列图案设计元素难度最大，常有以下几种设计方法。

（1）同款式，不同图案　以相似的但不相同的图案格调使几套款式一样或类似的服装形成统一系列。

（2）同图案，不同款式　图案大致相同或相近的图案将几套款式各异的服装统一起来，形成既有变化又相互协调的整体。

（3）同款式，同图案，不同位置　几套服装的款式相同，图案装饰相同，只是在服装装饰部位、装饰面积大小上各有所变化。选择装饰部位应巧妙而有新意，是系列图案设计的关键，能使整个系列的服装和谐而又富于变化。

五、图案主题设计

自然界中各种图案纹样都是童装设计师主题灵感的创作源泉，其题材有民族的、现代的、前卫的、趣味的、抽象的、具象的，可以从各种元素中借鉴，极大地丰富女童装的设计语言，充实人们的视觉效果。

1.时尚潮流——蝴蝶效应

当下，无论是明星同款服装、大牌发布会服装、成人装还是童装，都能找到蝴蝶元素的影子。设计方法多样，印花、刺绣、立体装饰或一簇、或独立的蝴蝶占满前胸，或分别搁置在两肩部的对称设计，为服装带来勃勃生机。（图3-47）

图3-47

2.童装卫衣——黑白幽默

潮品牌、高街服装中黑白图案是必备的设计元素。童装卫衣中，幽默诙谐图案、黑白线条趣味图案、字母与黑白色块的拼接、人体骨架、随意的笔触、分解的雕像或元素的混合使用，也是潮童装的必备（图3-48）

图3-48

3.设计元素——渐变

渐变色彩是变幻无穷的，只有在无尽的变幻中方显神秘本质，那由明转暗、从深到浅或是从一个色彩过渡到另一个色彩的变化，犹如美妙的乐章一般动人。（图3-49）

4.流行警报——秋冬暖色

2015—2016秋冬柔和的粉色与桃红色构成了甜美的桃粉色调，本季的红色则由抢眼的西红柿红色与火红色构成，焦橙色也成为本季调色盘中重要的色彩。以上色彩共同构成了2015—2016秋冬童装暖色调，多用于针织上衣与裙子中。而秋冬不可缺少的童装皮草单品更是大量采用了这些暖色。（图3-50）

图3-49

图3-50

5.2015秋冬印花——动感波纹

2015秋冬主要的一个图案解析中，重点推出的是有着动感波纹的图案，另外中间夹杂的性感裁剪色彩让本身单一的纹路顿时苏醒。这季也概括出了另外一些图案，像静谧的花朵、穿插几何、个性抽象等，其中个性抽象是将个性和抽象两者相互结合，凸显了非同一般的特性。（图3-51）

6.印花元素分析——花卉印花

近年来色彩艳丽、变化多端的印花元素席卷时尚圈，许多设计师和时尚品牌也是将其独特的印花图案和印花技术作为特色和经典沿用。

2015春夏女装发布会上运用了手工刺绣和印染两种方式来描绘花卉，设计师们将丰富的想象与色彩结合，形成了独特的印花元素。颜色素雅的花朵图案，轻松又不失优雅；略带不完美效果的印花图案最妙，在童装设计中变得更为有趣、大胆、出彩。浪漫印花可被时尚嘻哈风格所取代，就连不同材质的纱线也能印染出视觉冲击力极强的花卉图案；可爱又充满细节感的印花将小萝莉们带进甜蜜、梦幻的时装世界。（图3-52）

图3-51

图3-52

7.设计主题——艺术镂空

聪明的设计师们总是喜欢给衣服做减法。在减法的运用中，镂空绝对是他们惯用的手法。镂空既体现了服装的精致感，也体现了服装的层次感。镂空元素包括镂空拼接、蕾丝镂空、针织镂空等。(图3-53)

8.女童装设计主题——迷人蕾丝

蕾丝一直都是女人们的最爱，在蕾丝的国度中，有一种神奇的魔力吸引着大家的眼球。蕾丝不再是单调的个体，比较新颖的手法就是把花卉图案与蕾丝进行了巧妙的结合，其次也把蕾丝做成了各种的图案来表现。(图3-54)

9.针织流行元素——疯狂条纹

简单而个性鲜明的条纹装，无论是在T台上还是街头，似乎从未被抛离出时尚界。条纹元素是永不过时的神话，奥秘在于它丰富多彩的变换花样。条纹虽然简约，但能根据粗细和配色演绎多样风格。2015春夏条纹毛衫从简约的黑白到充满活力的彩色，总能搭出不一样的风采，引领时尚潮流。(图3-55)

图 3-53

图 3-54

图 3-55

10.童装印染元素——浸染效果

扎染渐变效果，斑驳的波点以及类似细菌般蔓延效果，都是2015春夏童装流行趋势生物动力中的设计元素。（图3-56）

图3-56

11.童装图案主题——经典卡通

卡通图案，一直是童装设计中最青睐的元素。孩子喜欢看动画卡通片，相应地，印有动画卡通经典形象的衣服也很受孩子们的追捧。卡通图案在童装设计中独树一帜，散发出的趣味和可爱魅力不可抗拒。通过数码印花、提花或是手工嵌花，各式各样的卡通形象都能被生动"描绘"在毛衫设计中，在温暖冬季给小朋友们带来暖心的呵护。（图3-57）

图3-57

第三节　女童装的材料设计

材料是服装设计不可缺少的构成要素，如何选择服装材料是每一位设计师必须掌握的基本知识。在女童装的设计中，选择和处理材料是关键。恰当合理的材料运用，能够丰富设计手段，不同材料的视觉感、触感、量感、机理等性能都可以为设计师创作灵感提供源泉，既丰富女童装的设计语言，又充分体现服装的材料美。

一、了解织物

了解有关材料织物结构和性能是设计师最基本的常识，尝试采用不同的面料有助于设计师扩大视野，积累经验。不同的织物要求有不同的方法进行处理，能够充分发挥材料的优势性能，达到烘托整体服装的效果。

1.棉织物

（1）特性　棉织物又叫棉布，吸湿性强，透气性好，手感柔软舒适，凉快干爽。棉织物以其优良的性能成为女童装常用材料之一，是最适合最普及的童装面料。但是，棉织物弹性较差，缩水率较大，易起皱、发霉，不耐酸。棉织物的色彩较鲜艳，光泽柔和，适合四季的女童装。（图3-58）

全棉质斜纹卡其布　　加密精编平绒密丝绒　　波西米亚风格绵绸　　大丽花棉绸

全棉弹力府绸　　棉混纺　　无弹全棉平绒灯芯绒　　棉混纺镂空蕾丝

图3-58

（2）种类

① 平纹织物。织物表面平整光洁，细腻平滑，质地紧密，如细平布、细纺布、府绸等，适合女童装衬衫、连衣裙、外套、睡衣等。

② 斜纹织物。织物表面纹理斜向组织，质地厚实，手感硬挺，如斜纹布、卡其布、牛津布、牛仔布等，适合女童外套、休闲服装。

③ 绒类织物。绒类织物表面绒毛细密，外观平整润泽，手感柔软细腻，光泽柔和，具有温暖的感觉，包括灯芯绒、天鹅绒、平绒等，适合女童大衣、风衣、外套、裤裙等。

④ 毛圈织物。毛圈织物外观饱满，手感丰厚柔软，具有厚实温暖的感觉，适合女童帽子、大衣、外套以及婴幼儿的连身衣等。

⑤ 绉类织物。绉类织物外观清爽，布料较轻薄，如泡泡纱、绉布等，适合女童夏季连衣裙、衬衫、睡衣等。

⑥ 针织物。针织物富有弹性，手感柔软，外观线条流畅，吸湿透气性较好，穿着舒适。针织物种类繁多，有经纬编针织物、纯纺、混纺针织物，花色组织针织物，平纹、罗纹针织物等，非常适合女童四季穿用，如内衣、毛衫、毛裤、T恤衫、外衣、风衣、大衣以及女童帽子、

围巾等。

⑦ 棉纤混纺。是棉和化纤混合织物，外观平整，耐磨耐洗，一般应用于儿童裤装、外套等。

2. 麻织物

（1）特性　麻织物是由麻纤维制成的面料，主要原料为亚麻、苎麻，属于天然织物。麻织物具有挺括、凉爽、色彩浅淡柔和、风格含蓄的特点。但是麻织物容易起皱，弹性较差，容易变形，柔软度不够，手感粗糙、生硬，因此不适宜女童内衣。

（2）种类

① 亚麻织物。织物表面整洁干净，质地紧密牢固，外观挺括，手感滑爽，包括亚麻细布、亚麻呢、针织麻布等，可用于女童外套西服、衬衫等。（图3-59）

| 苎麻布 | 波西米亚风情棉麻布 | 亚麻混纺压绉 | 棉亚麻混纺压绉 |
| 亚麻布 | 棉麻印花布 | 民族风亚麻印花布 | 复古棉麻印花布 |

图3-59

② 苎麻织物。织物手感滑爽，透气，耐洗耐晒，包括苎麻混纺、苎麻网格布等，适合开发新型儿童产品。

③ 麻混纺织物。面料悬垂性较好，结实耐磨，可以改善起皱现象，也可增强柔软度，包括棉麻混纺、麻丝混纺等。麻混纺织物应用范围广，尤其适合女童休闲服、外套西服、大衣等。

3. 丝织物

（1）特性　是以蚕丝为原料而制成的面料。丝织物具有良好的悬垂性，手感柔软，细腻滑爽，轻薄透气，弹性较好，适合女童夏季服装、内衣、连衣裙等。

（2）种类

① 缎类织物。织物手感光滑柔软，质地紧密厚实，富有光泽，色彩鲜艳，包括织锦缎、软缎、螺纹段、提花段等，适合女童礼服以及舞台表演服装。（图3-60）

② 绸类织物。织物质地紧密，光泽柔和，自然悬垂，手感滑爽，主要品种有电力纺绸、塔夫绸、斜纹绸等，适合女童礼服、舞台表演服装。

③ 绉类织物。织物柔软滑爽，轻薄透气，外观呈波纹机理效果，包括双绉、乔其纱等，适用于女童夏季连衣裙、衬衫等。

4. 毛织物

（1）特性　毛织物具有良好的保暖性，不易散热，手感丰满厚实，吸湿性较好，不易起皱，塑形较好，光泽柔和自然，风格端庄大方，但是不易保存，易发霉或虫蛀，主要原料有羊毛、羊

图3-60

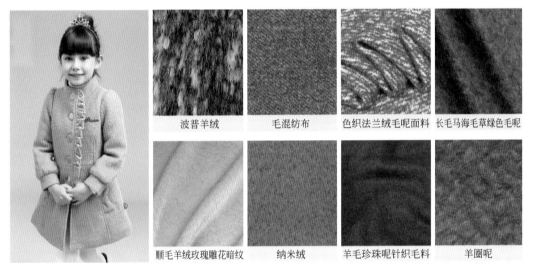

图3-61

绒、驼绒、马海毛等。

（2）种类

① 精纺毛织物。织物表面光滑，质地紧密厚实，弹性较好，结实耐用，外观造型挺括，透气性较好，主要品种有女士呢、礼服呢、哔叽呢、麦世林呢等，适用于女童轻薄外套、大衣等。（图3-61）

② 粗纺毛织物。织物质地厚实，较重，具有一定的体积感，表面有一层毛绒，保暖性很好，是秋冬女童装的首选面料，主要品种有海军呢、粗纺呢、大衣呢、麦尔登呢、羊驼绒呢等，适用于女童大衣、背心裙装、套装等。

③ 毛混纺织物。织物质地结实耐用，外观挺括，品种有仿毛织物、毛纤混纺等，一般可用于大童服装、裤装等。

二、选择织物

面料（图3-62）是设计师创作的工具，它决定着女童服装的悬垂性或挺括性，以及外在造型的美感。科学合理地选择女童装面料，是设计师必要的工作之一。以下几项选择面料的规则供大家参考。

1.女童装设计结构越复杂，就越应该选择简单朴素的面料

如果在工艺和结构方面都比较复杂，通常要选择一款能够支持或衬托设计重点的面料，所以面料和结构只选其一作为设计重心，并且要避免它们在视觉上形成竞争。比如，一款复杂的印花或串珠面料，应考虑设计结构、工艺简单，设计手法简洁的女童装造型。

2.应强调面料的自然属性

所有的面料都有自己的特性，通过造型和裁剪的方法能够加强面料的自然属性。使用绸缎或有光泽有流动感的面料时，可以运用褶皱的方式。这是在一种简约的裁剪状态下呈现出来的美感，因此要避免使用厚重的面料做褶皱。

3.科学合理地使用面料

通常用面料的自然垂感和质感来塑造服装的样式和造型。如果面料的质感和造型不能完美地结合，设计就会缺乏说服力，得不到消费者的认可。比如一款面料是柔软有垂感的，那么就应该避免过度的裁剪结构；如果造型是挺括有雕塑感的，就要确保这种面料能支撑这种造型，而不是破坏这种造型。

4.灵活运用面料的不同特性

如果没有丰富多彩、特性各异的面料，就算服装结构千变万化，也只能形成单调的视觉效果。尤其是女童装应根据体型生理特征，不需考虑过多的结构设计，将重心放在面料的特性上，强调舒适感。

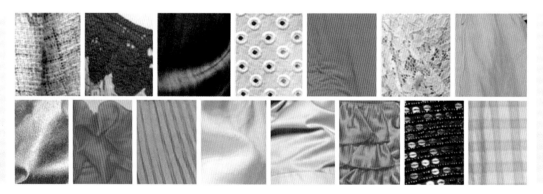

图3-62

三、面料分类

1.2015—2016秋冬童装设计方向——礼服面料

基础款薄纱衬裙开始以带有流畅印花的薄纱和雪纺面料呈现，干燥处理的丝绸乔其纱和植绒透明面料是关键面料。本季呼应了秋冬季透视潮流的趋势，芭蕾舞短裙开始朝着更柔更休闲更自然的方向发展。（图3-63）

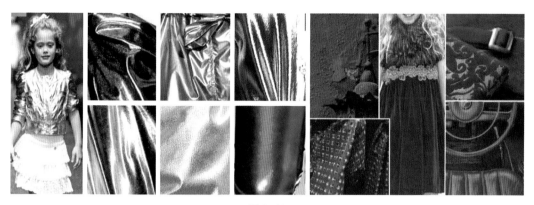

图3-63

2.2015—2016秋冬童装设计方向——外套面料

传统的户外风羊毛格纹和格子呢料本季变得更加厚重，非常适合用在夹克或者衬衫上。表面的处理既柔软又舒适，从强烈磨毛到细柔绒毛都有出现。传统造型和20世纪90年代青春活力感造型的持续流行使得格子呢成为女童装系列的重点面料。外套的设计点除了在面料、廓形上面，还需在图案花型上面大做文章。印花外套也随之成为一个焦点，密集排列的手法让服装的视觉冲击力更加强烈。本季的印花外套主要集中体现在花朵元素、欧式复古、卡通等图案上面，服装的色彩感更加强烈。（图3-64）

图3-64

3.2015—2016秋冬童装设计方向——针织和平纹单面针织

颗粒状绒毛、纱节和粗毛更新了杂色混织针织面料的形式，这种杂色混织针织面料通常带有中性色的粉末状织纹，结合舒适触感的纱线，针织纹理多采用绞索花纹针织或罗纹针织。（图3-65）

图3-65

4.2015—2016秋冬童装设计方向——休闲牛仔

色彩缤纷且强韧的棉质面料仍然是重要的流行趋势，为童装休闲装增添了重要的色彩元素。牛仔、厚斜纹布和条子花纹面料配上丰富的色彩水洗效果，并且采用酶化处理以获得更加柔软的手感。女童装新兴趋势——休闲亮片，针织衫和打底裤上的亮片为女童派对装装饰元素带来新意，打造出耀眼的日装外观。（图3-66）

图3-66

5.2016春夏面料选择——环保运动

环保面料在功能和趣味之间找到了完美平衡，泥泞和破损单品呼应了户外环境，装饰感纱线和纹理很适合运动装，休闲基础款提升了正装又休闲的时尚单品。学院运动风为2016春夏重要的流行风格，主打单品包括轻薄防水夹克、无袖卫衣、马球衫和平纹运动短裤。本季最夺人眼球的色彩有基本的亮色、碧绿色和柠檬黄以及深蓝色。尼龙和轻如羽毛的合成纤维是外套面料的主打选择，而运动风的鸟眼和网眼被运用设计在上衣、T恤和饰边上。（图3-67）

6.2016—2017秋冬女童装设计方向——时尚皮革

皮革单品酷劲儿十足，率真个性。挺括的皮革面料用在女童装款式上，带来一股柔中带酷的时尚感，无论是简约款式还是活泼裙摆设计，都是平日或派对最时尚的选择与搭配，是时尚女童衣橱里最时髦的单品。（图3-68和图3-69）

图3-67

图3-68

图3-69

7. 2016—2017春夏女童装设计方向——蕾丝面料

蕾丝是透孔织物，温柔细腻，亲和肤质，有类似纱罗和透视的效果。唯美蕾丝图案，也可以成为纹样种类。蕾丝的美在于朦胧而精致，如雾如烟、如梦如幻，却又巧夺天工，片片花瓣展现其中，穿在身上，构成一幅美丽的图画，文艺淑女百搭，打造浪漫而高贵的小公主范儿。（图3-70）

图3-70

四、面料应用

面料是围绕着人体进行的三维立体设计，体现空间形态的合理性。面料的质感可以塑造服装的造型，要使面料与风格完美结合，那么在女童装设计中应把握以下几个方面。

1. 柔软性面料

轻薄柔软性面料包括丝绸、金丝绒、乔其纱、雪纺纱、薄棉以及织纹结构松散的针织面料。柔软性面料具有悬垂性较好、手感舒适柔软的特征，外观感觉轻薄，造型线条流畅而贴体。长款造型可展现女童的淑女优雅，短款造型可展现女童的甜美可爱，不适合过多的结构裁剪，可采用褶皱、抽褶、堆积等设计手法，在女童夏季服装中使用较多。另外，透明的硬纱给人以现代时尚的感觉，在女童装中也使用较多。

2. 挺括性面料

厚重挺括性面料包括亚麻、厚棉涤混纺、各种毛呢及毛涤混纺、粗纺呢、麦尔登呢、化纤面料等，还有棉织物中的牛仔布、卡其布等。厚重面料不适合多层次的层叠、堆积、抽褶等手法，这样不仅在工艺上有难度，还会造成儿童着装后的臃肿感。挺括性面料比较适合轮廓鲜明合体的服装，如女童大衣、风衣、外套以及休闲服装类。

3. 光泽性面料

光泽性面料表面富有光泽，受光线反射，手感质地光滑，具有较强的视觉效果。光泽性面料包括锦缎、丝绸、塔夫绸、提花缎以及皮革、涂层面料等。光泽性面料一般用来设计制作女童礼服以及舞台表演服装。如丝绸面料在舞动时就会显露出人体轮廓；锦缎面料具有华丽、光彩夺目的视觉效果，面料本身也会随着光影的变幻而达到美轮美奂的艺术效果；皮革面料在女童装中常常被采用，光泽感比较冷峻，具有较强的视觉冲击力，体现出前卫都市、未来风格，具有时代感。

第四节　女童装的装饰设计

装饰是对女童服装进行艺术与技术加工的一种手法，它包括服装外形、结构、部件，图案纹样，服装材料及多种色彩组合运用等内容。女童装装饰必须与主体功能紧密结合，成为统一和谐的整体，加强审美效果，提高使用功能。因此装饰设计应符合儿童心理、生理的特点，比如图案丰富多样，有针对性，结构要宽松舒适，适应孩子生长发育及活动的需要；工艺制作简单牢固，装饰手法应富有趣味性，美观的同时还应注重装饰的安全性。

一、女童装辅料装饰种类

1.里料
女童装使用里料的目的就是舒适、定型和保温。保持服装外形稳定，防止汗液渗露，穿着舒适等。主要种类有细布棉、涤纶绸、雪纺纱、塔夫绸等。

2.衬
衬的使用目的是将面料的功能最大限度地保持和完善，防止变形。因此，衬的制作应按照女童人体构造，保持形态上的美感。女童装衬的应用一般在肩部或臀部做夸张设计，满足服装的外观需要，以保持稳定的造型，通常在舞台演出时穿着。主要种类有黏合衬、棉织物衬、麻织物衬或棉麻混纺、尼龙衬、海绵垫肩等。

3.口袋布
女童装应使用优质口袋布，强度好、吸湿、洗涤防缩、保温，具有良好的触感。主要种类有平纹布、斜纹布、细棉布等。

4.纽扣
纽扣具有合拢开襟的作用，除单纯的功能性外，还可作为装饰品。根据纽扣材料，分类主要有天然材料纽扣（如贝壳、果木、木头、竹子、牛骨、角等）、合成树脂纽扣（如尼龙、塑料等）、金属纽扣（如黄铜、锡、合金纽扣等）、组合按扣（如聚酯、压膜铸造、镀金等）、其他（如钩子纽扣、链环、D形环、铆钉、按扣等）。

5.拉链
具有"扣合"的作用，两边带有金属或其他材料，可互相咬合。主要种类有尼龙拉链、金属拉链，可封闭和敞开，女童装在使用拉链时应考虑生理特性或装饰性。

6.缝纫线
女童装在使用缝纫线上应考虑线的坚韧性、弹性，不要使服装产生褶皱，不损伤面料和里料，不因各种洗涤和外部接触而发生变化。主要种类有真丝线、腈纶纱线、涤棉混纺纱线、聚酯纤维纱线、锦纶单丝线等。

二、女童装的装饰设计方法

1.褶裥
褶裥装饰通过对面料的曲折变化带来微妙的动感和立体感的装饰效果，其工艺手法通常有压褶、抽褶、捏褶、捻转、波浪花边等。

2.滚
即滚边，是对服装边缘的一种处理手法和服装装饰工艺。滚边通常用于领围、袖口、门襟、裙摆底边等。

3.镶
即镶边，也是服装边缘的一种工艺处理手法。

4.嵌

又称嵌条，是用于嵌在领子、领圈周围，或嵌于袖口边、衣服底边、胸部接缝处，作为一种装饰。

5.荡

是用一种装饰布条悬荡于衣片中间的一种工艺，即荡条。它是用斜裁面料做成的条子，固定在服装的某些部位作为装饰。

6.绣

绣线的针路、针法和凸起的花纹使图案具有浮雕式的独特造型，同时也给人以精致的美感。（图3-71）

图3-71

三、女童装装饰设计技巧

① 裁剪前给织物附加图案，改变材质或面料再造，二次设计，比如用珠片装饰任何一种印花织物。

② 裁剪前给服装前后各大片附加图案，改变材质或再加工整理，比如在衣片上刺绣、丝网印花、捏褶或做面料机理效果等。

③ 对已经制作完成的成衣进行改变材质、图案、加工后处理，比如染色、砂洗压褶等。

四、女童装装饰流行元素

在女童装设计中，时尚潮流化的趋势越来越明显，儿童自我化、个性化意识逐步增强，时尚潮流类童装市场发展空间越来越大。女童装潮流化主要体现在材料和装饰设计上，考虑不同年龄段的儿童心理生理特点，把色彩、面料、图案、装饰等设计要素与时尚潮流紧密结合，这样的童装才能被儿童及家长们所接受。

1.童装流行元素——浪漫烫钻

在2015春夏秀场上我们看到了大量童装品牌在女童裙装的开发中用到了大量的亮钻元素，

其中以亚克力材质的装饰为主。小而密集的烫钻也在2016春夏童装系列中成为装饰重点。(图3-72)

图3-72

2.童装设计元素——玩味贴布

彩色字母、森林小动物云集、小怪兽、大眼睛、拟态美味元素,以贴贴补绣的方式展现,使简洁的款式在整体上更具有现代时尚的气息。(图3-73)

图3-73

3.童装重装饰元素——珠饰亮片来袭

活跃的珠饰与亮片被运用在夏季款式中,为春夏款式赋予了精彩的视觉感受。浮夸的立体花设计与立体大覆盖工艺制作使简约的款式更加时尚。(图3-74)

4.童装设计元素——玩味特殊机理

带上童话色彩,各种元素汇聚于大自然,丰富多彩。部落印花、森林小动物云集、拟态美味设计元素,以面料特有的机理效果展现,使简洁的款式在整体上更具有现代时尚的气息。(图3-75)

5.童装重装饰元素——针织钩编花饰来袭

传统的手工钩编与花饰品被活跃运用于夏季款式中,为春夏款式赋予了精彩的视觉感受。浮夸的立体花设计与镂空工艺制作使简约的款式更加时尚。(图3-76)

图3-74

图3-75

图3-76

第四章

女童装着装风格与流行元素分析

第一节　女童装着装风格分析

在为女童选择服装时，我们不只是要注意到女童的身体特征、年龄特征、性格特征和审美特点，还要注意到服装的款式、色彩和面料，其中最应该考虑的就是风格。

女童服装的风格由儿童服装的整体款式、色彩、面料以及饰物组合而成，是由服装的外观形式表达出来的服装的内在含义和气质。它在服装的表面信息中迅速地由视觉形象转化为服装的精神面貌。追求风格就是追求一种意境，独特风格的童装所表现的美感和魅力正反映了儿童的内在品质。孩子们通常凭个性和教养来选择自己喜爱的服装，以实现自我装扮的格调。长此以往，逐渐形成个人风格和穿着品位，并影响孩子的思想意识和道德品质。因此，为了孩子的健康成长，设计师不得不了解当前女童服装的风格特征以及孩子们的个性、嗜好，以帮助孩子们选择更适合的服装，确立健康的审美意识，树立正确的世界观。女童服装的风格层出不穷、五花八门，主要有如下风格的服装。

一、休闲运动风格

休闲、运动是孩子们最喜爱的活动，或捉迷藏，或嬉水游泳，或徒步旅行……在阳光充足的大自然中，儿童的心灵和体魄会得到很好的锻炼。休闲运动风格的服装适应了孩子们的这种生活需要并极大地满足了她们渴望运动的欲望。眼下已经有款式多样的游泳装、连体式的婴幼儿装、简洁大方的校服、活泼可爱的舞蹈服、活动自如的户外装，它们往往有拉链、装饰线、嵌边，还用夸张的图案和多层式、封闭式、防护型等款式特点来表现休闲风格。运动休闲风格的服装最大的特点是样式宽松、活动自如，其次是舒适的面料和色彩的自然运用，表达了一种轻松随意、潇洒自由的休闲着装效果。（图4-1～图4-6）

图4-1　　　　　　　　　图4-2　　　　　　　　　图4-3

图4-4 图4-5 图4-6

二、都市时尚风格

现代都市的生活氛围促使儿童较早地步入了时尚行列，如今在都市里生活的孩子们在服装的选择上很易受当前时尚、流行元素和明星们着装风格的影响。这类孩子穿着打扮趋于成人化，时尚潮流是她们的风向标，使得成人的流行风格在此类风格的童装上得到了一定的体现。目前众多世界知名品牌的童装都以都市时尚风格为主，形成了粗犷豪放、细腻精致等多元化的都市时尚风格的童装款式，尽显现代都市魅力无限的时尚风貌。

在成人时尚的牛仔装、民族装、田园装和嬉皮士装等服装的影响下，都市孩子的服装以时尚休闲为主流，结合抽象艺术、写真艺术、传统艺术和卡通艺术，或以变幻的直线条纹，或以夸张的卡通图案，或以简约的几何图形，或以传统的小小碎花，在针织套头衫、喇叭长裤、时髦短裙和休闲斜肩挎包等服饰中尽显现代都市的时尚风貌。（图4-7～图4-12）

图4-7 图4-8 图4-9

图 4-10 　　　　　　　　　图 4-11 　　　　　　　　　　　图 4-12

三、甜美浪漫风格

　　这是一种较传统的经典风格，受到大部分女孩子的喜欢，但是在不同的时代会演绎出不同的时代风尚，成为一种永远的流行。它最先源于西方的唯美主义，是一种女性味十足的风格，以修身塑腰的A、O、X等造型为样式，配上公主造型的袖子和夸张的波浪大裙摆，充满了童话般的梦幻气息，加上装饰的荷叶边、皱褶、镂空花纹、蝴蝶结以及绣花图案。冬装可以选择稍厚的格呢面料做成这样的款式，夏装可以选择轻薄的雪纺和薄棉面料，再配上白色的短裤。而女孩的头发最好是长发，用扎成蝴蝶结的发带把头发束在脑后，前额光滑有少许蓬松而卷曲的发丝，整个装扮好像一个漂亮的洋娃娃。这种风格的少女装突出了小女孩的甜美、温柔、清纯、可爱和美丽。（图4-13～图4-18）

图 4-13 　　　　　　　　　图 4-14 　　　　　　　　　　　图4-15

图4-16

图4-17

图4-18

四、现代假小子风格

这种风格是专门为那些喜欢追逐打闹、有些男孩子气质的女童而设计的款式，由乞丐装、休闲装、运动装发展而来。这种服装过分肥大，宽松而随意，往往是用针织绒线、牛仔布以及那些耐脏、耐磨的劳动布制作而成，整个装束带有几分野气、稚气和活泼劲。有的女童特别喜欢这种装束，她们把头发剪成男孩的发型，散乱自由，跟男孩子一样又蹦又跳，俨然一副"假小子"样。这种野小子风格的服装有益于孩子的身心健康，使孩子的心灵特别放松，身体特别自由，适合儿童日常休闲时穿着。（图4-19～图4-21）

图4-19

图4-20

图4-21

五、学院淑女风格

这种风格的服装完全是现在女童平时在校园里穿着的学生服和特殊场合的制服。它既端庄又纯朴，既严肃又简洁。它的款式造型简练，线条流畅而有一定的力度，服装的外廓形成直线形，多为A形连衣裙或背心裙、半身裙和西装马甲。它们都强调合身的裁剪和线条的利落；色彩多以深色为主。它融合了成人的职业装、学生装、便装的多种元素，并以这些服装的概念为设计主流。穿着这种风格的服装，会显得清纯、庄重、矜持、有淑女风范。这种服装融合校园文化，具有重要的审美教育价值，对塑造好学生形象起到了积极的作用。（图4-22～图4-27）

图4-22　　　　　　　　　　图4-23　　　　　　　　　　图4-24

图4-25　　　　　　　　　　图4-26　　　　　　　　　　图4-27

六、摩登前卫风格

受国际艺术的影响，现代女童服装运用高科技的成果，与正统的观念相对立。从朋克装、嬉皮装、乞丐装等风格的服饰中演变成为现代具有刺激、开放、离奇效果的女童服装样式。这些前卫的女童装设计师们融合了现代各种前卫艺术风格，从当前著名的日韩设计师作品中寻求创造元素，超现实主义风格和后现代解构主义风格，是获得现代超前意识的女童服饰灵感来源的主要途径。他们用新型质地的面料，或用电脑印刷，或用高科技制作工艺，或用手绘涂染，在服装的各个部位尽情地表现摩登前卫的艺术思想，形成了酷劲十足且富有前卫感的女童时装。(图4-28～图4-33)

图4-28   图4-29   图4-30

图4-31   图4-32   图4-33

七、传统民族风格

这种风格的服装具有比较浓厚的民族文化和乡土气息。它运用民间的、民族的、传统的装饰纹样以及传统的面料结合传统手工艺来设计服装。它的款式造型多是中西结合，色彩多是运用对比色和浓艳的色彩组合。常常以吉祥物和装饰纹样为装饰图案，或是以民间的成语、寓言的主题为内容来进行装饰，用刺绣、十字绣、电脑绣、绳结、图案、斜襟等元素来突出民族风，使很多传统手工艺在此风格服装上得以运用。民族风格的女童服装一般作为孩子们的节日盛装或特殊场合着装。（图4-34～图4-39）

图4-34　　　　　　　　　　图4-35　　　　　　　　　　图4-36

图4-37　　　　　　　　　　图4-38　　　　　　　　　　图4-39

第二节　女童装流行元素分析

一、童装流行的定义

童装流行是指以儿童服装为对象、在一定时期、一定地域或某一群体中广为传播的流行现象，主要包括服装的款式、色彩、面料、图案、工艺装饰、穿着方式、化妆等方面的流行，反映了特定历史时期和地区的人们对儿童服装的审美需求。

童装的流行浓缩了某地域在一段时期内特有的服装审美倾向和服装文化的面貌，并体现着这一历史时期内，儿童服装的产生、发展和衰亡的整个过程。现代服装的一个明显趋势是其更新周期越来越短，服装流行化成为服装的一个重要特征。因此，世界各发达国家都非常重视对服装流行及其预测预报的研究，定期发布服装流行趋势，以指导生产和消费。我国近年来也开始注重对服装流行趋势及预测的研究。（图4-40和图4-41）

图4-40　国际女童装品牌流行形象

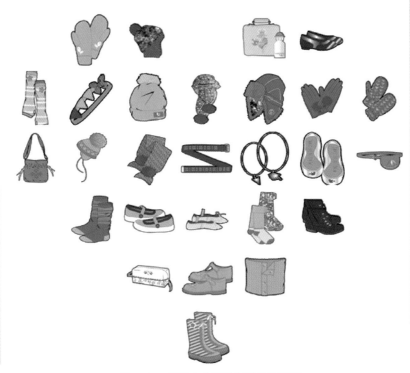

图4-41　国际女童装流行服饰的范围

二、童装流行预测的概念

童装流行预测是指针对儿童服装，在归纳总结过去和现在服装及相关事物流行现象与规律的基础上，以一定的形式显现出未来某个时期的服装流行趋势。

众所周知，服装的流行变化永无止境，尤其是在现代生活的影响下，服装变化速度之快、更新频率之高，似乎让人难以捉摸。但这只是表象，流行是有其规律可循的，因为服装与社会政治、经济、文化、科技、人们的心理等方面息息相关，是特定时期人们的物质生活和精神思潮的反映。并且，服装的流行具有周期性特点，因此具有可预测性。

在童装越来越受到关注的今天，了解和掌握童装流行的目的在于使设计师准确把握当今时尚的动向，从而设计出符合儿童特点的时尚服饰。（图4-42）

三、流行预测的周期

流行预测的周期如图4-43所示。

创新：流行创新者在流行循环的创新阶段中，即采用了新的款式。

兴起：时装领袖和早期的追随者，会在流行兴起的阶段介入。

接受：大众市场的消费者采用这种款式的时机，则是在接受阶段中。

消退：晚期的流行追随者，则在消退阶段才采用这种模式。

萎缩：与流行无缘或反应迟钝的个体，在衰退阶段才会采用这种款式。

流行预测的内容	提前的月份/月
色彩的预测	24
纤维的预测	18
面料的预测	12
款式设计的预测	6～12
零售业的预测	3～6

图4-42　流行预测的时间

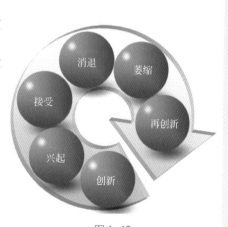

图4-43

四、流行预测的方法

流行预测的方法如图4-44所示。

1.问卷调查法

问卷上的问题设计水平高低（问题数量多少、是否言简意赅、是否紧扣主题），答题者的人数、年龄、教育程度、社会地位、从事工作等，都会影响结论。若处理不善，反而会形成误导。

2.总结规律法

根据一定的流行规律推断出预测结果。某些流行预测机构参照历年来的流行情况，结合流行规律，从众多的流行提案中总结出下一季的预测结果。它比调查问卷法省力，但有更多的主观性。所以很多流行预测机构往往组织很多学识卓越的流行专家共同分析，得出最终结果。

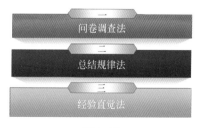

图4-44

3.经验直觉法

凭借个人积累的关于流行的经验，对新的流行做出判断。有时候，灵性的直觉加上丰富的经验比理性的数据分析更为奏效。

五、童装流行预测的特点

1.推广传播性

在现代社会中，消费者出于各种目的，对流行时尚都会给予一定的关心。但由于生活节奏的加快和工种的细分造成了工作领域的局限，绝大多数人都无暇静下心来研究和预测流行，而只能通过发达的现代传媒工具来掌握有关流行的信息。这就为现代商业带来了可乘之机，最大限度地利用各种宣传媒介，大力发布流行趋势，引导人们按照既定的方向去消费。尽管现代消费者有很强的自我意识，但毕竟能够"独立思考"的人还属少数，大多数人仍然习惯于随波逐流，这就是每年流行趋势发布会的社会依据。这样形成的流行即人为创造的流行。但必须指出，人为创造的流行并非凭空臆造，而是在深入研究国内外情报和过去流行规律的基础上，针对目标市场之所需，科学有效地推出。

2.循环反复性

循环反复是人类社会中常见的一种现象，由于求变心理和惯性心理的交替支配，人们几乎每天都在重复着同样的行动，周期性地安排着自己的生活。流行也是如此，一个流行诞生后，逐渐成长，为越来越多的人所接受，很快达到极盛期，然后就沿着衰落的道路下滑，最后消失或转换成另一种新的流行，而且总是朝着更有特色的方向发展，这种反复的现象在流行历史上屡见不鲜。这就是自然回归型的流行，是有周期性变化规律可循的一种流行。

3.文化社会性

服装是文化的表征，是社会的一面镜子，服装流行直接鲜明地反映着时代的精神与风貌。因此，服装的流行并非都那么循规蹈矩。服装流行的变动，好似经济兴衰的晴雨表。政治、经济、文化思潮、战乱、和平等社会因素的影响，都会及时呈现于流行之中，这种受其社会因素的影响而产生的流行叫不规则的流行。但这样的流行并非无规律可循，只要密切关注社会政治、经济形势的动向，就可预测未来的流行。

六、童装流行预测的内容

童装流行预测的内容主要指服装设计要素。通常以各种不同的分类主题形式出现，每个主题包括服装款式、结构造型、面料、色彩、细节与工艺及整体风格几个方面，或者是针对一个内容或几个内容进行预测。

1.服装款式

服装款式可以最直接地反映流行的特征，是流行服装风貌的体现。款式廓形的变化十分清晰地反映或传递着流行信息和流行趋势的动向。在现代童装设计中，人们对童装的观念开始改变，已不再停留在卡通造型、可爱等传统的印象中，童装的设计元素正逐步趋于成人化。（图4-45）

2.结构造型

结构的细微处理，可以体现出流行的特征。因此，结构也有流行和非流行之分。流行元素的特征会反映在服装结构上，分割线条的形状处理、领型的变化、袖肩造型等都配合着服装流行的演变，跟随社会时尚而变化。（图4-46）

图4-45

图4-46

3.面料

　　服装面料是服装的载体，是先于服装反映流行信息的。服装面料的流行主要是面料色彩、肌理、纹样的流行。尤其是服装发展到今天，依靠廓形、款式等方面的变化推陈出新的空间已极为有限，因此服装的创意更多体现在材料的创新上。（图4-47）

图4-47

4.色彩

色彩在时装中的主导地位贯穿于市场始终，因此设计师着重于色彩的强调与意境的表达。虽然某个色系每一季都出现，但每一季色彩的倾向性是不同的。或灰暗、或明亮，或浑浊、或清澈、或透明、或轻薄、或厚重等，要能把握住整体色彩感觉。

2016—2017年女童装流行色如下。

① 树莓红。2016—2017年秋冬童装的树莓红将会是介于2016年春夏的牡丹红和2015—2016年的紫红色，意思就是由紫色逐渐变淡回到浅红色基调得到树莓红。树莓红特别适合小女孩，粉嫩可爱，在秋冬季节，具有很高的明亮度，抢眼易辨识，属于高度色彩板基调。

② 洋葱紫。与2016年春夏季清凉的酸莓蓝不同，洋葱紫的色彩调调向深红色改变，这样有种去除清凉、回归温暖的感觉。紫色给人以高贵、庄严的感觉，也是非常适合小女孩的一种颜色，具有中等明亮度，属于中度色彩板基调。

③ 深石榴红。华丽丰富的石榴红是由2015—2016年春夏的勃艮第酒红色不断丰富加深得到，一眼看去就有一种富贵的感觉，是非常有质感的颜色，也属于中度色彩板基调。

④ 赤陶色。就像它的名字一样，质感满满的一个色彩，在稳稳保留上个秋冬铜色的基础上，有一种暗暗溢出橘色的感觉。在2016—2017年秋冬也会是十分受欢迎的一种地面系颜色，属于中性色系。

⑤ 冰桃粉红。冰桃粉红就像将上个秋冬的粉玫瑰制作成为冰冻果子露一样的颜色，十分甜蜜，特别适合小女孩。它甜而不腻，又很可爱，也属于中性色系。（图4-48）

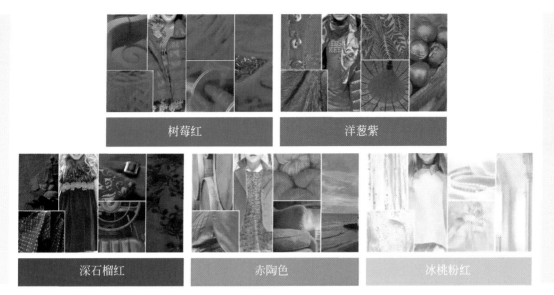

图4-48

5.细节与工艺

在每一个流行季节里，服装都有不同的细节与工艺，如领面的大小、尖圆，腰线上下、口袋的明暗等。细节能反映出流行的特点，也是商业促销的卖点。（图4-49）

图4-49

以上所有要素综合所体现出的风格是流行的大方向，这是服装设计师必须把握的。在这个注重精神和情感的年代，人们追求文化、追求艺术，更注重品位。人们对童装的要求不仅仅停留在原有实用实惠的层面上，甚至已经提升为一种文化、一种艺术，一种展示个人的个性和内涵的形式。

七、服装流行预测的方法

服装流行预测的方法如图4-50所示。

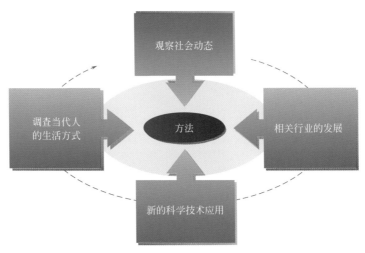

图4-50　服装流行预测的方法

××××年春夏女童装新款速递——裤子如图4-51所示。

图4-51

趋势分析如下。

廓形：运动风格依然是××××年春夏女童装不可或缺的主题，学院风的灵感仍至关重要。打底裤以其百搭的款式和印花成为备受青睐的必备单品。受其影响，运动裤和吊裆慢跑裤也凸显出更为修身的廓形。休闲的阔腿沙滩裤更是夏季休闲裤中的精品。

　　面料和细节：灰色运动针织面料成为面料中的佼佼者，柔软轻盈的反面毛圈卫衣采用运动罗纹的腰带和休闲拉带。学院风条纹是微妙的细节设计，混纺织面料非常适用于炎热夏季的裤子。（图4-52）

图4-52

　　舒适的宽松廓形采用松紧式裤腿和腰带打造休闲感，柔软轻盈的棉布或麻混纺面料完美诠释出夏日休闲裤风格，花卉印花与运动式嵌边相融合。（图4-53）

Mango Kids　　Mango Kids

图4-53

　　修身剪裁的运动裤采用灰色轻盈运动针织面料，成为越加时尚的日装单品。修身运动裤是符合潮流趋势的单品，设计细节囊括了折边裤脚、侧口袋、针织罗纹腰带和假松紧拉带，极好地适用于配套印花套装。（图4-54）

　　打底裤一举成为时尚日装的必备单品，印花的选择范围非常广泛，包括整体的黑白色调和鲜艳的亮色图案，以及更多新奇的影印印花。（图4-55）

图4-54

图4-55

　　休闲吊裆裤使经典的慢跑裤廓形焕然一新，搭配修身T恤和凉鞋或单鞋轻松打造出休闲的日装风格。（图4-56）

　　经过缜密设计的条纹在裤子缝合处一泻而下，同样运用于裤腿和腰带处，为打底裤和慢跑裤增添了摩登学院风的新感觉。（图4-57）

　　膝盖处的趣味性设计是运动裤的重要部分，从微妙的间面线和填充设计，到纹理质感的闪光补丁和诙谐的局部图案都可圈可点。

　　2016秋冬女童装新款速递——棉衣。

　　2016秋冬的女童棉衣通过增加身长，保留腰线设计，打造出更加女性化的上窄下宽的廓形。兜帽毛边、腰带和泡泡褶边下摆为其增添了奢华和温暖的感觉。

　　印花和图案：类似卡通图案的印花，朦胧的花朵图案或者大理石纹路等重要印花图案为外套注入了全新的活力。新兴的斑点狗风格波尔卡圆点以及新印花皮毛镶边装饰取代了传统的动物皮纹。（图4-58）

图 4-56

图 4-57

2016秋冬
女童装新款速递——棉衣

图 4-58

上窄下宽：加长的上窄下宽廓形长及膝盖或膝盖以上，是女童装的一个重大进展。纤细修身的腰线设计以及A字半身裙打造出精美的形状，尤其是搭配中性底色或毛绒手感的面料时，效果最佳。另外，皮毛边饰增添了奢华元素。（图4-59）

图4-59

印花、图案和富有想象力的绗缝工艺为中长款返校棉衣注入了新意。其他细节设计包括腰带、装饰性短裙和毛边兜帽。此类款式可搭配牛仔半身裙或牛仔长裤，也可尝试多彩薄纱半身裙，以及金属色配饰，打造冬季派对造型。（图4-60）

图4-60

中长款：舒适的茧形加长款外套将少女的轮廓修饰得更加苗条纤长，结合泡泡褶边下摆和束腰腰带，给人以温暖而慵懒的感觉。此外，该款式还采用了梦幻的图像印花，或者利用色彩闪亮的尼龙材质来保持纯粹的外观。（图4-61）

泡泡褶边：泡泡褶边下摆的棉衣依旧是女童装中最盛行的款式。本季的这种款式经过改造，外形上更加厚实圆润，呈现出新颖而有趣的比例。正如2016秋冬女童装主要款式报告中预测的那样，这种款型最适宜做成中长款或者长款。（图4-62）

图4-61

图4-62

印花：醒目的印花为2016秋冬经典棉衣款式注入了新意。浅底色印花搭配柔和的解构部落风符号，或者是朦胧的大理石纹路搭配不同的线缝填充，各种遍布式重复花纹图案结合渐变效果，形成一种全新的印花风格。（图4-63）

皮毛边饰：皮毛元素为棉衣增添了奢华感和高端气息，通常被运用到与衣服同色的领子和衣袖，或者衣服正中的门襟和兜帽上。仿动物皮纹印花和其他带有图案的皮毛边饰更具新意。（图4-64）

腰带：腰部系带是本季的一大主要信息。与衣服同色的封闭式腰带和针扣腰带设计打造出收腰的廓形，有趣、新颖的带扣装饰增添了可爱、俏皮的气息。（图4-65）

图4-63

图4-64

图4-65

第一节　女童装原型

女童装原型在平面裁剪中，是自女童内衣到女童外套服装制图的基础。女童装原型分为1～12周岁的女童装原型和13～15周岁的少女装原型。

这里女童装原型所针对的对象是1～12周岁的女童。女童装原型所需尺寸是穿着内衣后所测量的胸围尺寸和背长尺寸，在净胸围基础上加放14cm，以适应儿童身体的成长及较大的运动量。袖子原型是以衣身的袖隆尺寸与袖长作为基本尺寸进行制图的。

一、女童装原型各部位的名称

为制图方便，应确定原型衣身和衣袖各部位的名称。（图5-1和图5-2）

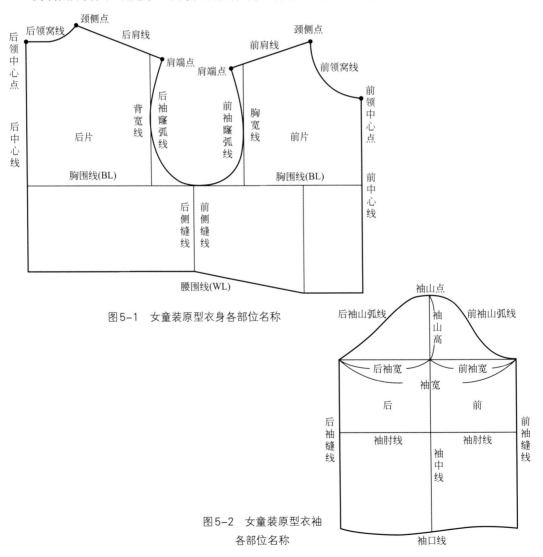

图5-1　女童装原型衣身各部位名称

图5-2　女童装原型衣袖各部位名称

二、女童装原型的立体构成

女童装原型的立体构成形式是前身采用梯形原型，将前身胸围线以上的浮起余量全部捋至胸围线以下。后身采用箱式原型，将后身背宽线以上的浮起余量全部捋至后肩线上，用后肩省或缩缝进行处理。

三、女童主要部位参考尺寸

见表5-1。

表5-1　女童主要部位参考尺寸　　　　　　　　　　　　单位：cm

部位	尺寸							
身高	80	90	100	110	120	130	140	150
胸围	48	52	54	58	62	64	68	72
腰围	47	50	52	54	56	58	60	64
臀围	50	52	54	60	64	68	4	80
背长	19	20	22	24	28	30	32	34
袖长	25	28	31	35	38	42	46	49
腰高	44	51	58	65	72	79	87	93
臀高	14	14	14.5	14.5	15	15	15	17
上裆深	21	21	22	22	23	23	23	25

四、女童装原型结构制图

（一）衣身结构制图

衣身原型以胸围和背长为基准，各部分的尺寸是以胸围为基础的计算尺寸或固定尺寸，适合正常体型。（图5-3和图5-4）

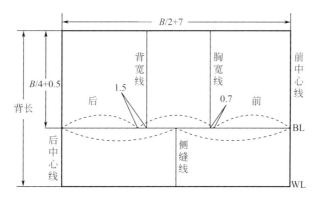

图5-3　女童衣身原型基础线图

B—胸围（cm）；BL—胸围线；WL—腰围线

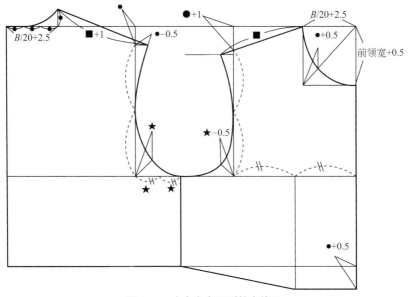

图5-4　女童衣身原型轮廓线图

B—胸围（cm）

（1）做长方形　以背长为高、以$B/2+7$为长做长方形。女童胸围放松量取14cm，以适应女童生长发育和活泼好动的特点。

（2）做胸围线　按袖窿深（$B/4+0.5$）的尺寸做胸围线。

（3）做侧缝线　自胸围线中点向长方形下边线做垂线，即为侧缝线。

（4）做背、胸宽线　将胸围线3等分，后1/3点向侧缝线移1.5cm，过此点向上做竖直线，即为背宽线。前1/3点向侧缝线移0.7cm，过此点向上做竖直线，即为胸宽线。由此可知，背宽比胸宽大0.8cm，主要是由于手臂的运动幅度。

（5）做后领口弧线　在原型基础线上，自后中心点量取$B/20+2.5$的尺寸为后领宽，并在后领宽处做竖直线，竖直线的长度等于后领宽/3。弧线连接后领口弧线和颈侧点，弧线前1/3为水平线。

（6）做前领口弧线　前领口＝后领宽，前领深＝前领宽+0.5，做长方形，连接对角线，并在对角线上自左下端点上量（后领宽/3+0.5）取点。弧线连接颈侧点、此点、前中心点，即为前领口弧线。

（7）做后肩线　在背宽线上，自上边线向下取后领宽/3尺寸，过此点做水平线，并向外延长（后领宽/3-0.5）尺寸，直线连接此点和颈侧点即为后肩线。

（8）做前肩线　自胸宽线与长方形上边线的交点位置向下量取（后领宽/3+1）的尺寸取点，直线连接此点和前肩颈点，并延长一定距离，使前肩线的长度＝后肩线长度-1。前肩线长和后肩线长1cm的差是为了适应儿童背部的圆润与肩胛骨的隆起而设置的必要的量，通常用后肩省和缩缝的方法进行处理。

（9）做后袖窿弧线　取第1辅助点，过后肩端点的水平线和背宽线的交点到胸围线上的背宽线取中点。取第2辅助点，过背宽线和胸围线的交点做45度角平分线，长度为后袖窿宽/2。弧线连接后肩端点、第1辅助点、第2辅助点、后袖窿底点，即为后袖窿弧线。

（10）做前袖窿弧线　取第1辅助点，过前肩线和胸宽线的交点到胸围线上的胸宽线取中点。取第2辅助点，过胸宽线和胸围线的交点做45度角平分线，长度为（后袖窿宽/2-0.5）。弧线连接前肩端点、第1辅助点、第2辅助点、前袖窿底点，即为前袖窿弧线。

（11）做前片腰线　前中心线延长（后领宽/3+0.5），向左做水平线，长度为胸宽/2，直线连接水平线左端点和侧缝线下端点，即可制作出前片腰围线。

（12）修正领口弧线　前后片原型对齐颈点，重合肩线，检查领口弧线是否圆顺。（图5-5）

（13）修正袖窿弧线　前后片原型对齐肩端点，重合肩线，检查领口弧线是否圆顺。（图5-6）

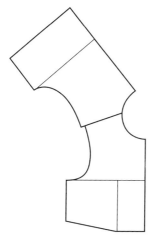

图5-5　原型衣身领口对位

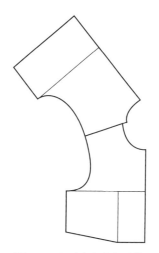

图5-6　原型衣身肩部对位

（二）衣袖结构制图

女童袖原型是袖子制图的基础，是应用广泛的一片袖。绘制女童袖原型必需的尺寸为衣身原型中前袖窿尺寸、后袖窿尺寸与袖长。（图5-7和图5-8）

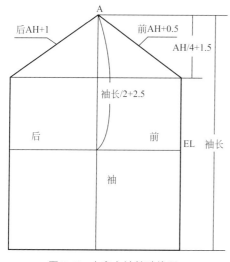

图5-7　女童衣袖基础线图

A—袖山顶点；AH—袖窿弧线；EL—袖肘线

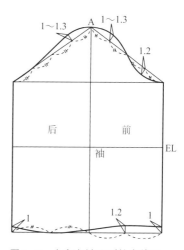

图5-8　女童衣袖原型轮廓线图

（1）做袖肥线基础线　任意一条水平线即可。

（2）确定袖山高　过袖肥线做任意竖直线，竖直线的长度为（前袖窿弧长+后袖窿弧长）/4+1.5，即AH/4+1.5。儿童年龄不同，袖山高采用不同的计算方法，1～5周岁取AH/4+1,6～9周岁取AH/4+1.5，10～12周岁取AH/4+2。同样的袖窿尺寸，袖山高度降低，袖肥变大，运动机能增强；袖山高度升高，袖肥尺寸变小，形状好看，但运动机能变差。

（3）确定前袖山基础线　从袖山高顶点A向右边袖肥线基础线做斜线，斜线的长度为前袖窿弧线+0.5，即前AH+0.5。

（4）确定后袖山基础线　从袖山高顶点A向左边袖肥线基础线做斜线，斜线的长度为后袖窿弧线+1，即后AH+1。

（5）做前袖山弧线基础线　在前袖山基础线的上1/4位置做凸量1～1.3cm的垂线，在前袖山基础线的下1/4位置做1.2cm的垂线，弧线连接袖山高顶点、1～1.3cm垂线端点、前袖山基础线中心点、1.2cm垂线端点、袖肥右端点，做出圆顺曲线，即可制作出前袖山弧线基础线。

（6）做后袖山弧线基础线　在后袖山基础线的上1/4位置做凹量1～1.3cm的垂线，弧线连接袖山高顶点、1～1.3cm垂线端点、后袖山基础线的下1/4位置点、袖肥左端点，做出圆顺曲线，即可制作出后袖山弧线基础线。

（7）做袖中线　从袖山高顶点A做竖直线，量取袖长尺寸。

（8）做袖肘线基础线　从袖山高顶点A量取（袖长/2+2.5），在该位置做袖肥的平行线，即可制作出袖肘线基础线。

（9）做袖下摆基础线　过袖中线下端点做袖肥的平行线，即可制作出袖下摆基础线。

（10）做前、后袖侧缝线　直线连接袖肥左端点和袖下摆基础线左端点，即可制作出后袖侧缝线。直线连接袖肥右端点和袖下摆基础线右端点，即可制作出前袖侧缝线。

（11）做袖口弧线　在前、后袖侧缝线上，自袖口点分别向上取1cm，前袖口中点处内凹1.2cm，弧线连接前袖侧缝线上1cm点、前袖口内凹点、前袖口中点和后袖侧缝线上1cm点，即可制作出袖口弧线。

五、身高110cm女童衣身原型结构制图

见图5-9。

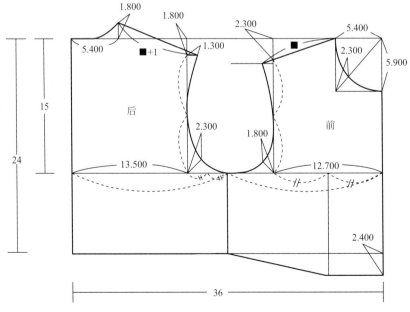

图5-9　身高110cm女童衣身原型结构制图

六、身高120cm女童衣身原型结构制图

见图5-10。

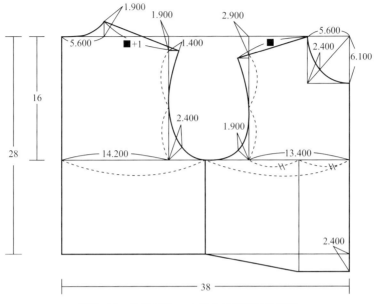

图5-10　身高120cm女童衣身原型结构制图

七、身高130cm女童衣身原型结构制图

见图5-11。

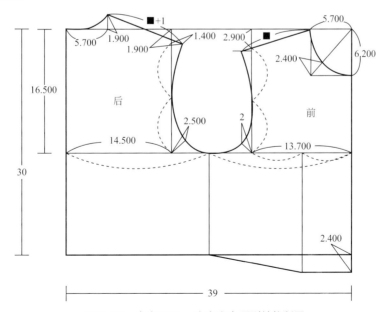

图5-11　身高130cm女童衣身原型结构制图

第二节　针织荡领连衣裙

一、款式说明

较合体，荡领、短袖、腰部分割，前、后身有腰省，下摆展开，裙长至膝，三层裙摆设计针织连衣裙。（图5-12和图5-13）

图5-12　正面图　　　　　　　　　　　图5-13　侧面图

二、适合年龄

4 ～ 12岁的女童。

三、规格设计

胸围=净胸围+宽松量（8 ～ 14cm）
腰围=净腰围+宽松量（6 ～ 10cm）
衣长=背长+（腰高+立裆深）/2-（3 ～ 8cm）（根据款型进行设计）
袖长=8cm

四、结构制图

以身高120cm为基准进行结构制图。

（一）身高120cm女童针织荡领连衣裙各部位成衣尺寸

胸围=62cm+宽松量（12cm）=74cm

腰围=56cm+宽松量（8cm）=64cm

衣长=72cm

袖长=8cm

（二）身高120cm原型结构制图（略）

（三）女童针织荡领连衣裙结构制图

利用身高120cm衣身原型对前后片进行结构制图。

后身上衣片制图步骤如下。（图5-14）

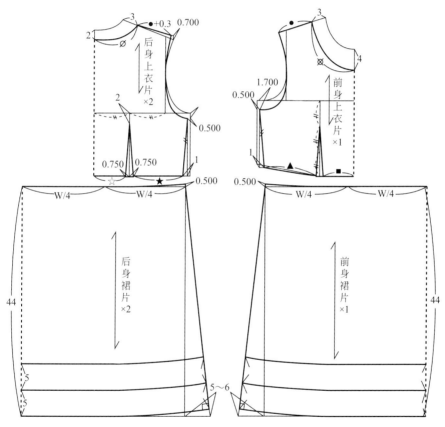

图5-14　女童针织荡领连衣裙衣身结构制图

（1）做后肩线　自肩颈点沿原型肩线下落3cm，后肩端点上抬0.7cm，直线连接肩颈3cm点和0.7cm点，并在直线上自3cm点起，量取后肩线长度=前肩线长度+0.3cm，即可制作出后肩线。

（2）做后领口弧线　沿后中心点下落2cm，弧线连接后中线上2cm点和肩线3cm点，和原型后领口弧线相似，即可制作出后领口弧线。

（3）做后袖窿弧线　胸围减少0.5cm，后袖窿底点向左移动0.5cm，再向下移动1cm。弧线连接新肩端点和新后袖窿底点，形状和原型后袖窿弧线相似，即可制作出后袖窿弧线。

（4）做后侧缝线　在原型腰围线位置，相对于胸围线收腰1cm，弧线连接收腰1cm点和新后袖窿底点，即可制作出后侧缝线。

（5）做后腰省　在原型后宽线上取中点，并向腰围线上做竖直线，竖直线的上端下落2cm为省尖位置，腰省的大小为（胸围/4−腰围/4−1）尺寸1.5cm。

前身上衣片结构制图步骤如下。

（1）做前肩线　自肩颈点沿肩线下移3cm，直线连接3cm点和前肩端点，即可制作出前肩线。

（2）做前领口弧线　沿原型前中心线自前中心点下落4cm，弧线连接前中心线4cm点和原型肩线上3cm点，弧线和原型前领口弧线相似，即可制作出前领口弧线。

（3）做前袖窿弧线　前胸围减少0.5cm，前袖窿底点向右移动前袖窿底点0.5cm，再下落1.7cm，弧线连接前肩端点和新前袖窿底点，形状和原型后袖窿弧线相似，即可制作出前袖窿弧线。

（4）做前侧缝线　在原型腰围线位置，相对于胸围线收腰1cm，弧线连接收腰1cm点和新前袖窿底点，前侧缝线长度＝后侧缝线长度，即可制作出前侧缝线。

（5）做前腰线　弧线连接原型腰围线水平线左端点和前侧缝线下端点，弧线和原型腰围线水平线即构成前腰线。

（6）做前腰省　在原型前宽线上取中点，并向腰围线上做竖直线，把竖直线三等分，取二等分位置点作为上省尖位置，省道的大小为（▲＋■−腰围/4−1）。

后身裙片制图步骤如下。

（1）做腰围线辅助线　腰部抽褶较多，可以根据款式进行设计，本款增加1倍的褶量。做水平线，水平线的长度为腰围/2，尺寸32cm。

（2）定裙长　裙子的长度为（衣长−背长），尺寸44cm。自腰围线辅助线的左端点和右端点分别向下做竖直线，竖直线的长度为44cm。

（3）做下摆线辅助线　连接两条竖直线的下端点，并向右延长5～6cm。

（4）做后身裙片腰围线　侧缝处上提0.5cm，弧线连接裙片后中心点和侧缝处0.5cm点，即可制作出腰围线。

（5）做侧缝线　直线连接后身裙片腰围线右端点和下摆线辅助线右端点。

（6）做下层裙子裙摆线　以下摆线辅助线为基准向侧缝线做弧线，弧线垂直于裙子侧缝线，即可制作出裙摆线。

（7）做中层裙子裙摆线　向上做下层裙子裙摆线的平行线，间距为5cm，即可制作出中层裙子裙摆线。

（8）做上层裙子裙摆线　向上做中层裙子裙摆线的平行线，间距为5cm，即可制作出上层裙子裙摆线。

前身裙片制图步骤如下。

（1）做腰围线辅助线　腰部抽褶较多，可以根据款式进行设计，本款增加1倍的褶量。做水平线，水平线的长度为腰围/2，尺寸32cm。

（2）定裙长　裙子的长度为（衣长−背长），尺寸44cm。自腰围线辅助线的左端点和右端点分别向下做竖直线，竖直线的长度为44cm。

（3）做下摆线辅助线　连接两条竖直线的下端点，并向右延长5～6cm。

（4）做前身裙片腰围线　侧缝处上提0.5cm，弧线连接裙片前中心点和侧缝处0.5cm点，即可制作出腰围线。

（5）做侧缝线　直线连接后身裙片腰围线左端点和下摆线辅助线左端点。

（6）做下层裙子裙摆线　以下摆线辅助线为基准向侧缝线做弧线，弧线垂直于裙子侧缝线，即可制作出裙摆线。

（7）做中层裙子裙摆线　向上做下层裙子裙摆线的平行线，间距为5cm，即可制作出中层裙子裙摆线。

（8）做上层裙子裙摆线　向上做中层裙子裙摆线的平行线，间距为5cm，即可制作出上层裙子裙摆线。

袖子制图步骤如下。（图5-15）

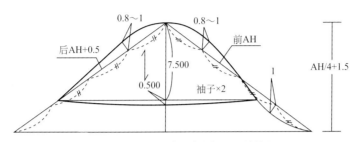

图5-15　女童针织荡领连衣裙袖子结构制图

（1）制作袖肥线基础线　任意一条水平线即可。

（2）确定袖山高　过袖肥线做任意竖直线，竖直线的长度为（前袖窿弧长+后袖窿弧长）/4+1.5。

（3）确定前袖山基础线　从袖山高顶点向右边袖肥线基础线做斜线，斜线的长度为前袖窿弧线长度，即前AH。

（4）确定后袖山基础线　从袖山高顶点向左边袖肥线基础线做斜线，斜线的长度为（后袖窿弧线+0.5），即后AH+0.5。

（5）做前袖山弧线基础线　在前袖山基础线的上1/4位置做0.8～1cm的垂线，在前袖山基础线的下1/4位置做1cm的垂线，弧线连接袖山高顶点、0.8～1cm垂线端点、前袖山基础线中心点、1cm垂线端点、袖肥端点，做出圆顺曲线，即可制作出前袖山弧线基础线。

（6）做后袖山弧线基础线　在后袖山基础线的上1/4位置做0.8～1cm的垂线，弧线连接袖山高顶点、0.8～1cm垂线端点、后袖山基础线的下1/4位置点、袖肥端点，做出圆顺曲线，即可制作出后袖山弧线基础线。

（7）做袖摆线　距袖山顶点向下7.5cm位置做水平线，水平线和前、后袖山弧线相交。自7.5cm点向下量取0.5cm点。弧线连接前袖山弧线交点、0.5cm点、后袖山弧线交点，即可制作出袖摆线。荡领结构制图步骤如下。（图5-16）

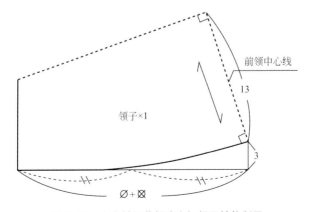

图5-16　女童针织荡领连衣裙领子结构制图

（1）做装领辅助线　做水平线，长为前领弧线和后领弧线总长。该线作为装领辅助线，应二等分。

（2）做装领线　自前中心点向上做3cm竖直线，弧线连接后中心点、装领辅助线的1/2点、3cm点，即可制作出荡领的装领线。

（3）做后领中心线　自后领中心点向上做竖直线，竖直线的长度为任意尺寸。

（4）做前领中心线　过3cm位置，做装领线的垂线，垂线长度为13cm，即可制作出前领中心线。

（5）做领外口线　过前领中心线上端点做前领中心线的垂线，并和后领中心线相交，即可制作出领外口线。

五、女童针织荡领连衣裙面料工业制版图

见图5-17。

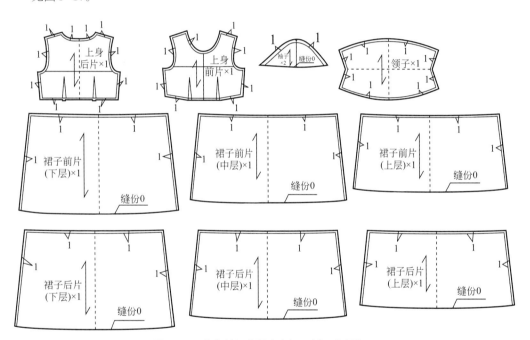

图5-17　女童针织荡领连衣裙面料工业制版图

第三节　拼接三层裙摆创意连衣裙

一、款式说明

创意性连衣裙，圆形领，长袖，收腰，胸部进行三角拼接设计，三层裙摆设计，立体蝴蝶。（图5-18和图5-19）

图5-18　正面图　　　　　　图5-19　侧面图

二、适合年龄

4 ~ 8岁的女童。

三、规格设计

胸围=净胸围+宽松量（10 ~ 16cm）
腰围=净腰围+宽松量（10 ~ 13cm）
袖长=全臂长+0 ~ 3cm
裙长=背长+腰高−5cm（根据款型进行设计）

四、结构制图

以身高110cm为基准进行结构制图。

（一）身高110cm女童拼接三层裙摆连衣裙各部位成衣尺寸

胸围=58cm+宽松量（14cm）=72cm
腰围=54cm+宽松量（10cm）=64cm
裙长=24+65−3=86cm
袖长=35cm
袖口大=20cm

（二）身高110cm原型结构制图（略）

（三）女童拼接三层裙摆连衣裙结构制图步骤

利用身高110cm衣身原型对上身前后片进行结构制图。

后身上衣片制图步骤如下。（图5-20）

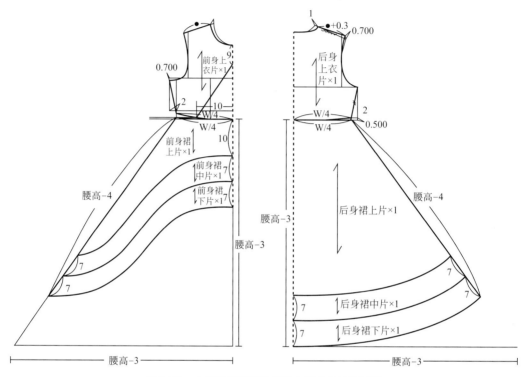

图5-20　女童拼接三层裙摆连衣裙身片结构制图

（1）做后肩线　后肩端点上抬0.7cm，直线连接肩颈点和肩端点。同时自颈侧点沿肩线下移1cm，量取后肩线长度＝前肩线长度+0.3cm，即可制作出后肩线。

（2）做后领口弧线　后领深尺寸不变，弧线连接后中心点和肩线1cm点，即可做出后领口弧线。

（3）做后袖窿弧线　弧线连接新肩端点和后袖窿底点，形状和原型后袖窿弧线相似。

（4）做后侧缝线　腰部收省，大小为腰臀差，尺寸2cm，直线连接此点和后袖窿底点，即可做出后侧缝线。

（5）做后衣片腰围线　弧线连接腰围基础线和后侧缝线下端点，即可做出后片腰围线。

前身上衣片结构制图步骤如下。

（1）做前领口弧线　自颈侧点沿肩线下移1cm，前领深尺寸不变。弧线连接前中心点和肩线1cm点，即可做出前领口弧线。

（2）做前肩线　直线连接1cm和前肩端点，即可制作出前肩线。

（3）做前袖窿弧线　前袖窿底点下落0.7cm，连接前肩端点和新袖窿弧线底点，即可制作出前袖窿弧线。

（4）做前侧缝线　腰部收省，大小为腰臀差，尺寸2cm，直线连接此点和新前袖窿底点，即可做出前侧缝线。前侧缝线长度等于后侧缝线长度。

（5）做前衣片腰围线　弧线连接腰围基础线和前侧缝线下端点，即可做出前衣片腰围线。

（6）前片分割线制作　第一个点的位置在前中点竖直向下9cm的位置，第二个点在前身片腰围线上，距离前中线的水平距离为10cm。

后身裙片制图步骤如下。

（1）做后裙片腰围线　侧缝处上提0.5cm，弧线连接后身片上衣腰围线和0.5cm点，并和后身片上衣片腰围线尺寸相等，即腰围/4，尺寸16cm，即可制作出后片腰围线。

（2）做后裙片后中心线　在后身上衣片沿背长线向下延长（腰高-3），尺寸62cm，即为裙片后中心线。

（3）做后裙片下摆线辅助线　过后裙片后中心线下端点做水平线，水平线的长度等于后裙片后中心线长度（腰高-3），尺寸62cm。

（4）做后裙片侧缝线辅助线　直线连接腰围线右端点和下摆线辅助线右端点。

（5）做后身裙下片下摆线　在后裙片侧缝线辅助线上截取长度（腰高-3-1），尺寸61cm，弧线连接此点和裙片后中心线下端点，注意弧线和后中心线及侧缝线垂直。

（6）做后身裙中片下摆线　做后身裙下片下摆线平行线，间距为7cm。

（7）做后身裙上片下摆线　做后身裙中片下摆线平行线，间距为7cm。

前身裙片制图步骤如下。

（1）做前裙片腰围线　侧缝处上提0.5cm，弧线连接后身片上衣腰围线和0.5cm点，并适当延长前裙片腰围线，使前裙片腰围线的长度等于前身片上衣片腰围线的长度，即腰围/4，尺寸16cm，即可制作出前裙片腰围线。

（2）做前裙片后中心线　在前身上衣片沿前中心线向下延长（腰高-3），尺寸62cm，即为裙片前中心线。

（3）做前裙片下摆线辅助线　过前裙片前中心线下端点做水平线，水平线的长度等于前裙片前中心线长度（腰高-3），尺寸62cm。

（4）做前裙片侧缝线辅助线　直线连接前身上衣片腰围线左端点和下摆线辅助线左端点。

（5）做前身裙下片下摆线　在前裙片侧缝线辅助线上截取长度（腰高-3-1），尺寸61cm，弧线连接此点和裙片前中心线下端点24cm处，即可制作出前身裙下片下摆线（弧线形状根据款式设计）。

（6）做前身裙中片下摆线　做前身裙下片下摆线平行线，间距为7cm。

（7）做前身裙上片下摆线　做前身裙中片下摆线平行线，间距为7cm。

袖子制图步骤如下。（图5-21）

（1）制作袖肥线基础线　任意一条水平线即可。

（2）确定袖山高　过袖肥线做任意竖直线，竖直线的长度为（前袖窿弧长+后袖窿弧长）/4+1.5。

（3）确定前袖山基础线　从袖山高顶点向右边袖肥线基础线做斜线，斜线的长度为前袖窿弧线，即前AH。

（4）确定后袖山基础线　从袖山高顶点向左边袖肥线基础线做斜线，斜线的长度为（后袖窿弧线+0.5），即后AH+0.5。

（5）做前袖山弧线基础线　在前袖山基础线的上1/4位置做1.2cm的垂线，在前袖山基础线的下1/4位置做1.2cm的垂线，弧线连接袖山高顶点、1.2cm垂线端点、前袖山基础线中心点、1.2cm垂线端点、袖肥端点，做出圆顺曲线，即可制作出前袖山弧线基础线。

（6）做后袖山弧线基础线　在后袖山基础线的上1/4位置做1.2cm的垂线，弧线连接袖山高顶点、1.2cm垂线端点、后袖山基础线的下1/4位置点、袖肥端点，做出圆顺曲线，即可制作出后袖山弧线基础线。

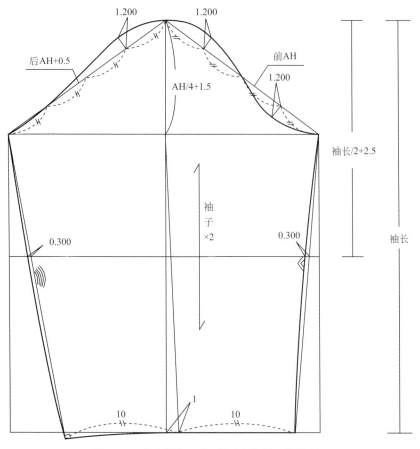

图5-21 女童拼接三层裙摆连衣裙袖子结构制图

（7）制作袖中线辅助线 从袖山高顶点做竖直线，量取袖长35cm（身高110cm规格的基础袖长为35cm）。

（8）制作袖肘线基础线 从袖山高顶点量取（袖长/2+2.5），尺寸20cm，在该位置做袖肥的平行线，即可制作出袖肘线基础线。

（9）制作袖摆线辅助线 过袖中线下端点做袖肥线辅助线，即可制作出袖摆线辅助线。

（10）制作袖中线 由于该款袖子袖口较窄，因此袖中线需要向前袖偏移1cm。

（11）定袖口大 过1cm袖中线偏移点向左右各水平量取10cm，即可定出袖口大。

（12）制作前、后袖侧缝线 弧线连接袖肥左端点和袖口左端点，即可制作出后袖侧缝线，弧线凸出0.3cm。弧线连接袖肥右端点和袖口右端点，即可制作出前袖侧缝线，弧线凹进0.3cm。由于是袖口较窄的袖型，前后袖在长度上会有差异，因此需要在工艺上进行处理，即前袖缝在肘部拨开，后袖缝在肘部归拢。

（13）制作袖下摆基础线 沿下摆线辅助线向后侧缝线做弧线，弧线垂直于后侧缝线，即可制作出袖下摆基础线。

五、面料工业制版图

见图5-22。

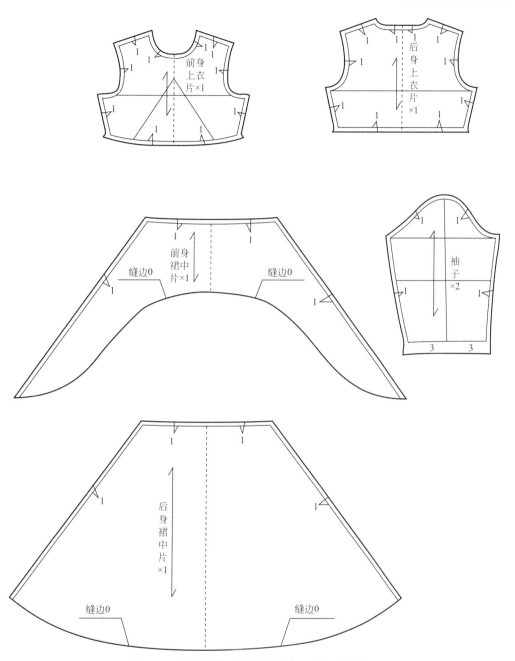

图5-22　女童拼接三层裙摆连衣裙面料工业制版图

六、拼接面料（带图案面料）工业制版图

见图5-23。

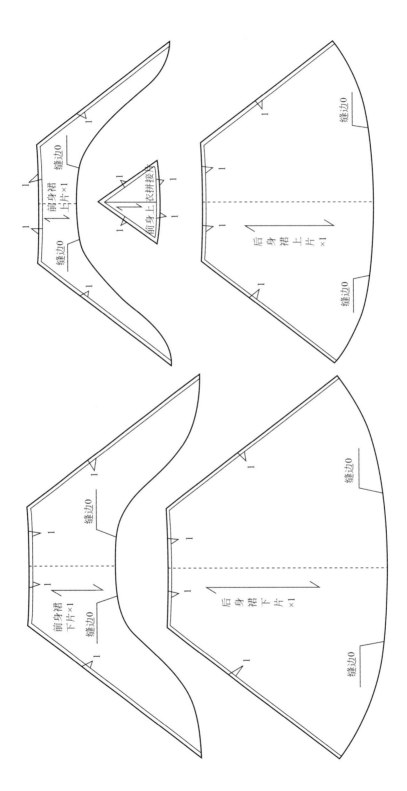

图5-23 女童拼接三层裙摆连衣裙拼接面料工业制版图

七、里料工业制版图

见图5-24。

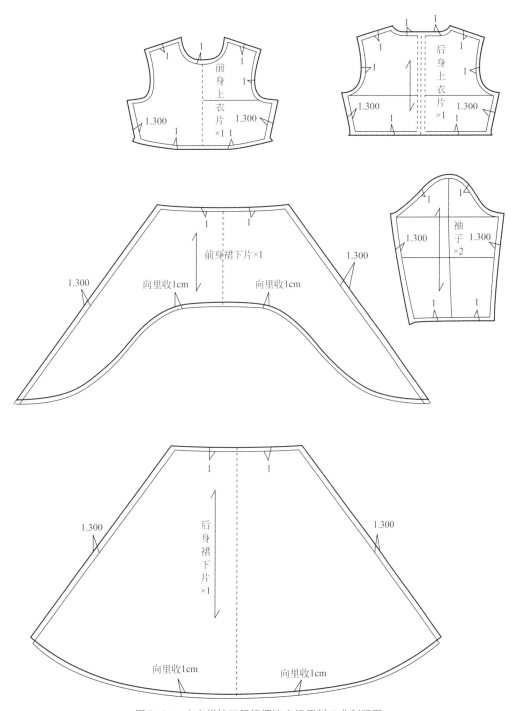

图5-24 女童拼接三层裙摆连衣裙里料工业制版图

第四节　经典拖尾礼服裙

一、款式说明

　　较合体礼服裙，圆形领，前胸、袖口边镶钻，七分袖，收腰，腰部有育克，裙摆分割设计，前短后长，拖尾礼服裙。（图5-25和图5-26）

图5-25　正面图　　　　　　　　　　　　　图5-26　侧面图

二、适合年龄

　　4 ~ 10岁的女童。

三、规格设计

　　胸围＝净胸围＋宽松量（10 ~ 16cm）
　　衣长＝背长＋腰高−6
　　七分袖袖长＝全袖长/2+2.5+4 ~ 6cm
　　裙长＝背长＋腰高+25 ~ 30（根据款型进行设计）

四、结构制图

　　以身高110cm为基准进行结构制图。

（一）身高110cm女童六片拖地连衣裙各部位成衣尺寸

胸围=58cm+宽松量（14cm）=72cm

衣长=110cm

袖长=24cm

袖口大=22cm

（二）身高110cm原型结构制图（略）

（三）女童六片拖地连衣裙结构制图及步骤

利用身高110cm衣身原型对前后片进行结构制图。

后身上衣片制图步骤如下。（图5-27）

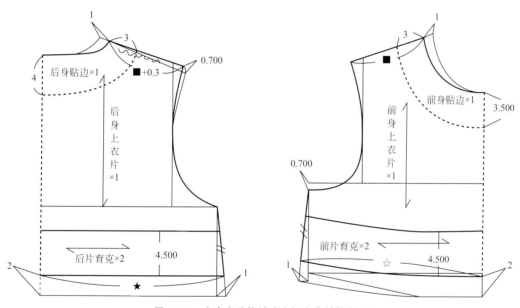

图5-27　女童六片拖地连衣裙上身结构制图

（1）做后肩线　后肩端点上抬0.7cm，直线连接肩颈点和肩端点。同时自颈侧点沿肩线下移1cm，量取后肩线长度=前肩线长度+0.3cm，即可制作出后肩线。

（2）做后领口弧线　后领深尺寸不变，弧线连接后中心点和肩线1cm点，即可做出后领口弧线。

（3）做后袖窿弧线　弧线连接新肩端点和后袖窿底点，形状和原型后袖窿弧线相似。

（4）做后侧缝线　根据款式的需要，在腰部放出1cm，直线连接此点和后袖窿底点，即可做出后侧缝线。

（5）确定后身育克下分割线　沿后衣片腰围线做平行线，间距为2cm。

（6）确定后身育克上分割线　沿后身育克下平行线做平行线，间距为4.5cm。

（7）做后身上衣片领部贴边　弧线连接后中心下落4cm点和自肩颈点沿后肩线3cm点，即可制作出领部贴边外弧线。

前身上衣片结构制图步骤如下。

（1）做前领口弧线　自颈侧点沿肩线下移1cm，前领深尺寸不变。弧线连接前中心点和肩线1cm点，即可做出前领口弧线。

（2）做前肩线　直线连接1cm和前肩端点，即可制作出前肩线。

（3）做前袖窿弧线　前袖窿底点下落0.7cm，弧线连接前肩端点和新袖窿弧线底点，即可制作出前袖窿弧线。

（4）做前侧缝线　根据款式的需要，在腰部放出1cm，直线连接此点和前袖窿底点，即可做出前侧缝线。前侧缝线的长度等于后侧缝线。

（5）做前衣片腰围线　弧线连接腰围基础线和前侧缝线下端点，即可做出前衣片腰围线。

（6）确定前身育克下分割线　沿前衣片腰围线做平行线，间距为2cm。

（7）确定前身育克上分割线　沿前身育克下平行线做平行线，间距为4.5cm。

（8）做前身上衣片领部贴边　弧线连接前中心下落3.5cm点和自肩颈点沿前肩线3cm点，即可制作出领部贴边外弧线。

前身裙片制图步骤如下。（图5-28）

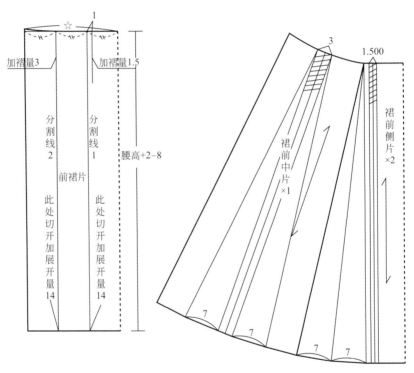

图5-28　女童六片拖地连衣裙前身裙片结构制图

（1）做长方形　长方形的宽等于前身育克下分割线的长度，长方形的高等于（腰高+2-8），尺寸59cm。

（2）确定前身裙片腰围线辅助线　侧缝处上提0.5cm，弧线连接前中心点和0.5cm点，即可绘制出腰围线辅助线。

（3）确定展开分割线　把长方形的宽三等分，即可确定分割线位置。

（4）确定加褶位置　距离第一条分割线1cm的位置即为裙子前中片的加褶位置，在这个位置加入褶量1.5cm，可以做倒褶，也可以做抽褶，根据面料的厚薄决定。第二条分割线的位置即为裙子前侧片加入褶量的位置，在这个位置加入褶量3cm，同样可以做倒褶，也可以做抽褶，根据面料的厚薄决定。

（5）纸样展开　在分割线1和分割线2的下端位置加入展开量14cm，并展开纸样。修正前身片裙子腰围线后，分别在裙子前中片和前侧片的位置加入褶量，并展开纸样。

（6）做裙子下摆线　弧线连接纸样展开后的各个关键点，即可制作出裙子下摆线。

后身裙片制图步骤如下。（图5-29）

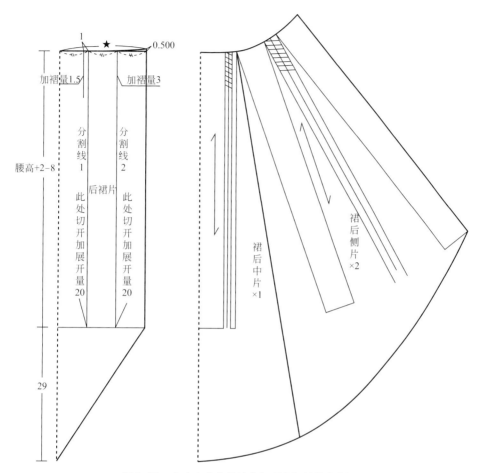

图5-29　女童六片拖地连衣裙后身裙片结构制图

（1）做长方形　长方形的宽等于后身育克下分割线的长度，长方形的高等于（腰高+2-8），尺寸59cm。

（2）确定后身裙片腰围线辅助线　侧缝处上提0.5cm，弧线连接后中心点和0.5cm点，即可绘制出腰围线辅助线。

（3）确定展开分割线　把长方形的宽三等分，即可确定分割线位置。

（4）确定加褶位置　距离第一条分割线1cm的位置即为裙子后中片的加褶位置，在这个位置加入褶量1.5cm，可以做倒褶，也可以做抽褶，根据面料的厚薄决定。第二条分割线的位置即为裙子后侧片加入褶量的位置，在这个位置加入褶量3cm，同样可以做倒褶，也可以做抽褶，根据面料的厚薄决定。

（5）纸样展开　在分割线1和分割线2的下端位置加入展开量20cm，并展开纸样。修正后身片裙子腰围线后，分别在裙子后中片和后侧片的位置加入褶量，并展开纸样。

（6）确定后身裙子裙长　延长裙子后中线29cm。

（7）做后身裙子下摆线　弧线连接后中线下端点和侧缝下端点，根据款式和造型设计弧线。

袖子制图步骤如下。（图5-30）

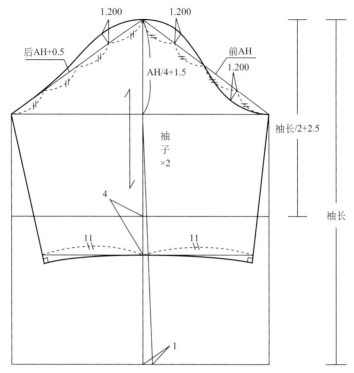

图5-30 女童六片拖地连衣裙七分袖子结构制图

（1）制作袖肥线基础线 任意一条水平线即可。

（2）确定袖山高 过袖肥线做任意竖直线，竖直线的长度为（前袖窿弧长＋后袖窿弧长）/4+1.5。

（3）确定前袖山基础线 从袖山高顶点向右边袖肥线基础线做斜线，斜线的长度为前袖窿弧线，即前AH。

（4）确定后袖山基础线 从袖山高顶点向左边袖肥线基础线做斜线，斜线的长度为（后袖窿弧线+0.5），即后AH+0.5。

（5）做前袖山弧线基础线 在前袖山基础线的上1/4位置做1.2cm的垂线，在前袖山基础线的下1/4位置做1.2cm的垂线，弧线连接袖山高顶点、1.2cm垂线端点、前袖山基础线中心点、1.2cm垂线端点、袖肥端点，做出圆顺曲线，即可制作出前袖山弧线基础线。

（6）做后袖山弧线基础线 在后袖山基础线的上1/4位置做1.2cm的垂线，弧线连接袖山高顶点、1.2cm垂线端点、后袖山基础线的下1/4位置点、袖肥端点，做出圆顺曲线，即可制作出后袖山弧线基础线。

（7）制作袖中线辅助线 从袖山高顶点做竖直线，量取袖长35cm（身高110cm规格的基础袖长为35cm）。

（8）制作袖肘线基础线 从袖山高顶点量取（袖长/2+2.5），尺寸20cm，在该位置做袖肥的平行线，即可制作出袖肘线基础线。

（9）制作袖中线 由于该款袖子袖口较窄，因此袖中线需要向前袖偏移1cm。

（10）制作袖口线辅助线 沿袖肘线4cm向下做平行线，即可制作出袖口线辅助线。

（11）定袖口大 过袖中线和袖口线交点向左右各水平量取11cm，即可定出袖口大。

（12）制作前、后袖侧缝线　直线连接袖肥左端点和袖口左端点，即可制作出后袖侧缝线。直线连接袖肥右端点和袖口右端点，即可制作出前袖侧缝线。

（13）制作袖口线　沿袖口线辅助线向前、后袖侧缝线做弧线，弧线垂直于前、后侧缝线，即可制作出袖口线。

腰带结构制图步骤如下。（图5-31）

（1）做直角梯形　直角梯形的高度为22cm，上宽4cm，下宽5cm。

（2）做腰带三角　三角的高度为2cm，分别用直线连接直角梯形左、右端点和三角高度点，即可完成腰带三角的制作。

图5-31　女童六片
拖地连衣裙
腰带结构制图

五、面料工业制版图

见图5-32。

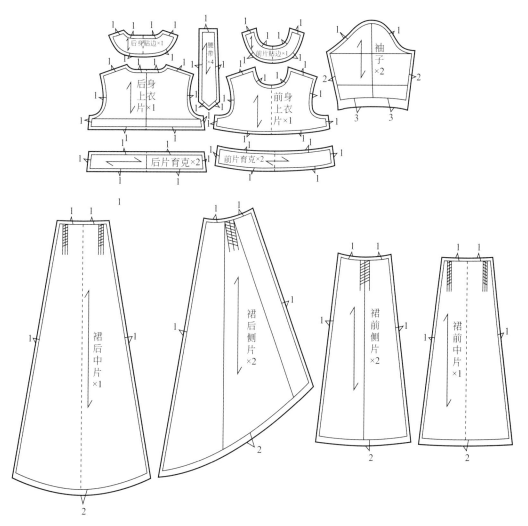

图5-32　女童六片拖地连衣裙面料工业制版图

第五节　双层喇叭袖立领连衣裙

一、款式说明

　　较合体连衣裙，双层喇叭袖，双层上衣身，三层太阳裙裙子设计，右身侧缝处绱拉链。立领，收腰，前身、后身和袖子均有育克，前身育克、后身育克和立领均由装饰面料制作。领子、育克分割线处添加牙子，镶钻拼色连衣裙。（图5-33和图5-34）

图5-33　正面图　　　　　　　　　　　图5-34　侧面图

二、适合年龄

　　4 ~ 12岁的女童。

三、规格设计

　　胸围＝净胸围＋宽松量（10 ~ 16cm）
　　衣长＝背长＋腰高/2+立裆深/2+6 ~ 10cm
　　袖长＝全袖长

四、结构制图

以身高110cm为基准进行结构制图。

（一）身高110cm女童双层喇叭袖立领连衣裙各部位成衣尺寸

胸围=58cm+宽松量（14cm）=72cm

衣长=74cm

袖长=35cm

（二）身高110cm原型结构制图（略）

（三）女童双层喇叭袖立领连衣裙结构制图及步骤

利用身高110cm衣身原型对前后片进行结构制图。

后身上衣片制图步骤如下。（图5-35）

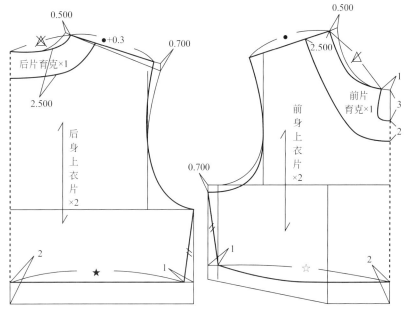

图5-35　女童双层喇叭袖立领连衣裙后身上衣结构制图

（1）做后肩线　后肩端点上抬0.7cm，直线连接肩颈点和肩端点。同时自颈侧点沿肩线下移0.5cm，量取后肩线长度=前肩线长度+0.3cm，即可制作出后肩线。

（2）做后领口弧线　后领深尺寸不变，弧线连接后中心点和肩线0.5cm点，即可做出后领口弧线。

（3）做后袖窿弧线　弧线连接新肩端点和后袖窿底点，形状和原型后袖窿弧线相似。

（4）做后腰围线　根据款式的需要，后腰围线在原型的腰围线基础上提2cm，并在腰部收1cm。

（5）做后侧缝线　直线连接收腰1cm点和后袖窿底点，即可做出后侧缝线。

（6）做后身育克分割线　后中心位置下落2.5cm，沿后肩线下落2.5cm，弧线连接这两点，和后领窝弧线相似。

前身上衣片结构制图步骤如下。

（1）做前肩线　自颈侧点沿肩线下移0.5cm，即可制作出前肩线。

（2）做前领口弧线　前领深尺寸不变，自前中心点向左水平偏移1cm，弧线连接1cm偏移点和肩线下移0.5cm点，弧线和原型前领口弧线相似，即可做出前领口弧线。

（3）做前袖窿弧线　前袖窿底点下落0.7cm，弧线连接前肩端点和新前袖窿底点，形状和原型后袖窿弧线相似，即可做出前袖窿弧线。

（4）做前侧缝线　收腰1cm，直线连接新前袖窿底点和收腰1cm点，直线的长度等于后侧缝线长度，即可做出前侧缝线。

（5）做前腰围线　同后片，前腰围线水平线在原型的腰围线基础上提2cm。弧线连接前腰围线水平线和前侧缝线下端点，即可做出前腰围线。

（6）做前身育克分割线　前中心点下落3cm，弧线连接1cm偏移点和下落3cm，弧线形状根据造型需要进行设计。前中心位置再下落2cm，弧线连接2cm下落点和肩线下移2.5cm点，弧线形状根据造型需要设计，即可制作出前育克分割线。

前身裙片制图步骤如下。（图5-36）

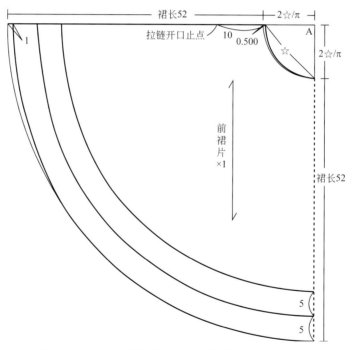

图5-36　女童双层喇叭袖立领连衣裙前身裙片结构制图

（1）做前中心线基础线　从A点做垂直线，以A点为中心点做半径为2☆/π的90度圆，再以A点为中心点做半径为（2☆/π+裙长）的90度圆，两个90度圆中间的垂线即为前中心基础线。

（2）做前身裙片侧缝线基础线　做水平线，两个90度圆中间的水平线即为侧缝基础线。

（3）做前身裙片腰围线　侧缝处腰围线上提0.5cm，以2☆/π的90度圆弧线为相似曲线，即可制作出前身裙片腰围线。

（4）做前裙片（下层）下摆线　侧缝处下摆线上提1cm，以（2☆/π+裙长）的半径圆弧线为相似曲线，即可制作出前裙片下摆线。

（5）做前裙片（中层）下摆线　做前裙片（下层）下摆线的平行线，间距为5cm，即可制作出前裙片（中层）下摆线。

（6）做前裙片（上层）下摆线　做前裙片（中层）下摆线的平行线，间距为5cm，即可制作出前裙片（上层）下摆线。

（7）拉链开口止点位置确定　自前身裙片侧缝线右端点向左10cm，即为拉链开口止点位置。

后身裙片制图步骤如下。（图5-37）

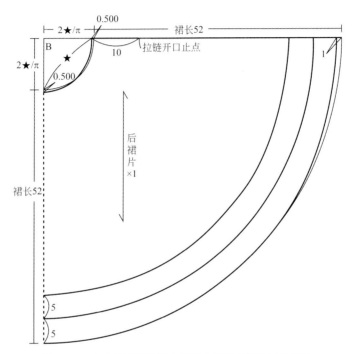

图5-37　女童双层喇叭袖立领连衣裙后身裙片结构制图

（1）做后中心线基础线　从B点做垂直线，以B点为中心点做半径为2★/π的90度圆，再以B点为中心点做半径为（2★/π+裙长）的90度圆，两个90度圆中间的垂线即为后中心基础线。

（2）做后身裙片侧缝线基础线　做水平线，两个90度圆中间的水平线即为侧缝基础线。

（3）做后身裙片腰围线　侧缝处腰围线上提0.5cm，以2★/π的90度圆弧线为相似曲线，即可制作出后身裙片腰围线。

（4）做后裙片（下层）下摆线　侧缝处下摆线上提1cm，以（2★/π+裙长）的半径圆弧线为相似曲线，即可制作出后裙片下摆线。

（5）做后裙片（中层）下摆线　做后裙片（下层）下摆线的平行线，间距为5cm，即可制作出后裙片（中层）下摆线。

（6）做后裙片（上层）下摆线　做后裙片（中层）下摆线的平行线，间距为5cm，即可制作出后裙片（上层）下摆线。

（7）拉链开口止点位置确定　自后身裙片侧缝线左端点向右10cm，即为拉链开口止点位置。

立领结构制图步骤如下。（图5-38）

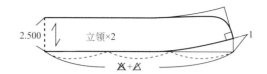

图5-38 女童双层喇叭袖立领连衣裙立领结构制图

（1）做装领辅助线 做水平线，长为前领弧线和后领弧线总长。该线作为装领辅助线，应三等分。

（2）做装领线 自前中心点向上1cm做垂线，弧线连接后领中点、装领辅助线的后1/3点和1cm垂线上端点，即为装领线。

（3）做后领中心线 自后领中心点向上做竖直线，竖直线的长度为领宽，尺寸2.5cm。

（4）做前领领角辅助线 过1cm位置，做装领线垂线，垂线长度为2.5cm。

（5）做领外口线 做装领线平行线，间距为领宽，尺寸2.5cm，并修正装领水平线，使领角符合造型需求。

袖子结构制图步骤如下。（图5-39）

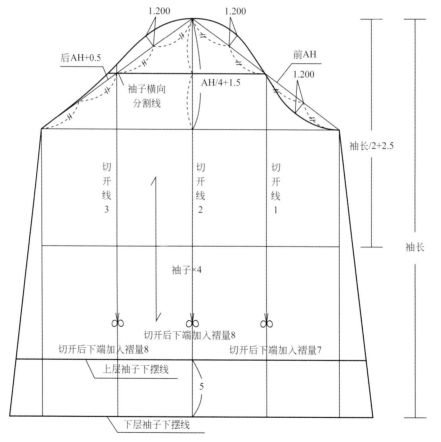

图5-39 女童双层喇叭袖立领连衣裙衣袖结构制图

（1）制作袖肥线基础线 任意一条水平线即可。

（2）确定袖山高 过袖肥线做任意竖直线，竖直线的长度为（前袖窿弧长＋后袖窿弧长）/4+1.5。

（3）确定前袖山基础线　从袖山高顶点向右边袖肥线基础线做斜线，斜线的长度为前袖窿弧线长度，即前AH。

（4）确定后袖山基础线　从袖山高顶点向左边袖肥线基础线做斜线，斜线的长度为（后袖窿弧线+0.5），即后AH+0.5。

（5）做前袖山弧线基础线　在前袖山基础线的上1/4位置做1.2cm的垂线，在前袖山基础线的下1/4位置做1.2cm的垂线，弧线连接袖山高顶点、1.2cm垂线端点、前袖山基础线中心点、1.2cm垂线端点、袖肥端点，做出圆顺曲线，即可制作出前袖山弧线基础线。

（6）做后袖山弧线基础线　在后袖山基础线的上1/4位置做1.2cm的垂线，弧线连接袖山高顶点、1.2cm垂线端点、后袖山基础线的下1/4位置点、袖肥端点，做出圆顺曲线，即可制作出后袖山弧线基础线。

（7）做袖中线辅助线　从袖山高顶点做竖直线，量取袖长尺寸35cm（身高110cm规格的基础袖长为35）。

（8）做袖肘线基础线　从袖山高顶点量取（袖长/2+2.5），尺寸20cm，在该位置做袖肥的平行线，即可制作出袖肘线基础线。

（9）做袖下摆线辅助线　过袖中线下端点做袖肥线的平行线，长度等于前、后袖肥。在此基础上，前袖肥向右延长3cm，后袖肥向左延长3cm，即可制作出袖下摆线辅助线。

（10）做前、后袖侧缝线　直线连接袖肥左端点和袖下摆辅助线左端点，即可制作出后袖侧缝线。直线连接袖肥右端点和袖下摆辅助线右端点，即可制作出前袖侧缝线。

（11）做喇叭袖展开分割线　过前袖肥中点做竖直线，上端点和前袖窿弧线相连，下端点和袖摆线相连，为第1条分割线。袖中线为第2条分割线。过后袖肥中点做竖直线，上端点和后袖窿弧线相连，下端点和袖摆线相连，为第3条分割线。

（12）展开袖子　在第1条分割线下端加入褶量7cm，在第2、第3条分割线下端加入褶量8cm，展开纸样。（图5-40）

（13）做喇叭袖袖窿弧线　弧线连接袖子展开纸样原袖窿弧线各点，即可制作出喇叭袖袖窿弧线。

（14）做喇叭袖下摆线（下层袖子）　弧线连接袖子展开纸样原下摆线各点，即可制作出喇叭袖下摆线（下层袖子）。

（15）做喇叭袖下摆线（上层袖子）　向上做喇叭袖下摆线（上层袖子）的平行线，间距为5cm，即可制作出喇叭袖下摆线（上层袖子）。

（16）做喇叭袖育克分割线　弧线连接袖子展开纸样原袖肥线各点，做出喇叭袖袖肥线，并过袖山高中点做袖肥线的平行线，即可制作出喇叭袖育克分割线。

五、面料工业制版图

见图5-41。

六、拼接面料工业制版图

见图5-42。

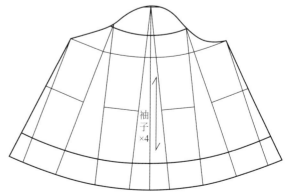

图5-40　女童双层喇叭袖立领连衣裙衣袖展开图

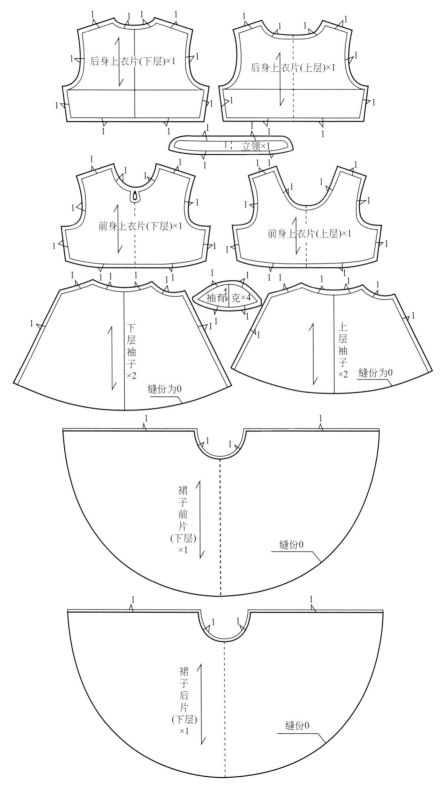

图5-41 女童双层喇叭袖立领连衣裙面料工业制版图

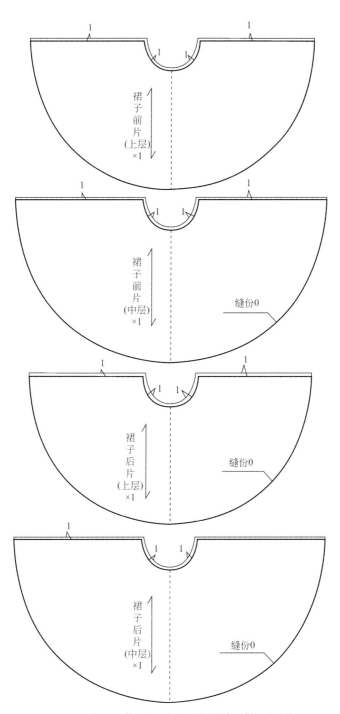

图5-42 女童双层喇叭袖立领连衣裙拼接面料工业制版图

七、装饰图案工业制版图

见图5-43。

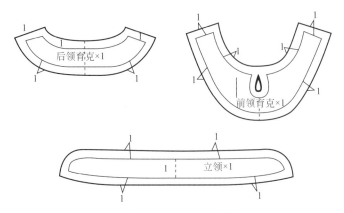

图5-43　女童双层喇叭袖立领连衣裙装饰图案工业制版图

第六节　蕾丝泡泡袖欧式礼服裙

一、款式说明

合体蕾丝礼服，收腰，裙长至膝。后身开口，14粒扣子，带抽褶袖克服泡袖。裙子为360度镶六层蕾丝裙，上身、袖子和领子均镶有蕾丝和珠子。（图5-44和图5-45）

图5-44　正面图

图5-45　侧面图

二、适合年龄

4 ～ 8 岁的女童。

三、规格设计

胸围 = 净胸围 + 宽松量（10 ～ 16cm）
腰围 = 净腰围 + 宽松量（4 ～ 10cm）
衣长 = 背长 + （腰高 + 立裆深）/2- （3 ～ 8cm）（根据款型进行设计）
袖长 = 全袖长

四、结构制图

以身高110cm为基准进行结构制图。

（一）身高110cm女童蕾丝泡泡袖礼服各部位成衣尺寸

胸围 =58cm+ 宽松量（14cm）=72cm
腰围 =54cm+ 宽松量（8cm）=62cm
衣长 =64cm
袖长 =35cm

（二）身高110cm原型结构制图（略）

（三）女童蕾丝泡泡袖礼服结构制图

前片结构制图步骤如下。（图5-46）

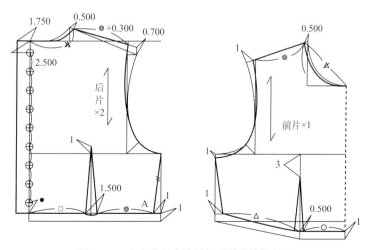

图5-46　女童蕾丝泡泡袖礼服前片结构制图

（1）做前领窝弧线　由于儿童颈部较短，立领会阻碍儿童颈部的活动，因此前颈侧点沿前肩线下移0.5cm，圆顺前领窝弧线。

（2）制作前肩线　前肩端点向里收进1cm。

（3）做前袖窿弧线　前袖窿底点向下移1cm，弧线连接新前肩端点和新袖窿底点弧线，和原型前袖窿弧线相似，即可画出前袖窿弧线。

（4）做前腰围线　腰围线向上提1cm，即可画出新前腰围线。

（5）做前侧缝线　腰围处向里收1cm，连接新袖窿底点，即可制作出侧缝线。

（6）制作前省道　省道大小为（△＋○）/4-W/4（W为腰围），省尖点位置为胸围下3cm。靠近前中线省量大小为0.5cm，右侧省量大小为剩余省量。

后片结构制图步骤如下。

（1）做后肩线　后肩端点向上提0.7cm，连接领侧点和0.7cm点，即可制作出后肩线辅助线。上提0.7cm的目的是转移一部分后肩省到后袖窿弧线里。再自颈侧点沿后肩线下移0.5cm，并以该点为起点，量取（前肩线+0.3cm）长度，此线段即为后肩线。

（2）做后领窝弧线　弧线连接后中心点和后肩线上0.5cm点，和原型后领窝弧线相似，即为后领窝弧线。

（3）做后袖窿弧线　弧线连接新后肩端点和原型袖窿底点，和原型袖窿弧线相似，即可画出后袖窿弧线。

（4）做后腰围线　后腰围线基础线向上提1cm，向里收1cm。

（5）做后侧缝线　连接后片袖窿弧底点和A点，即可制作出侧缝线。

（6）制作后片省道　省道大小为（□＋◎）/4-W/4，左右平分省量即可画出省线。

（7）做后片搭门线　搭门量1.75cm，向左做后中心线平行线，间距为1.75cm。

（8）定扣子位置　第一扣位距离后中心点1.5cm，扣子间距为2.5cm，共9粒扣子。

（9）做过面　沿后肩线向下量取2.5cm点，自后中线下端点在下摆线上量取7cm点。弧线连接两点，即可制作出后片过面分割线。（图5-47）

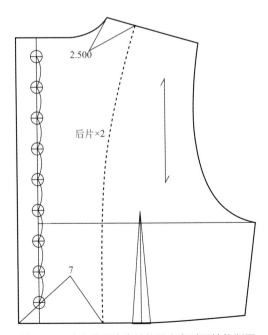

图5-47　女童蕾丝泡泡袖礼服上身过面结构制图

前身裙片结构制图步骤如下。（图5-48）

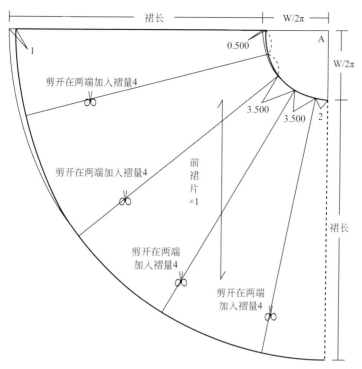

图5-48　女童蕾丝泡泡袖礼服前身裙片结构制图

（1）做前中心线基础线　从A点做垂直线，以A点为中心点做半径为W/2π的半径圆，再以A点为中心点做半径为（W/4π+裙长）的半径圆，过A点向半径为（W/4π+裙长）的半径圆做竖直线，两半径圆中间的竖直线即为前中心基础线（身高110cm的女童裙长为41cm）。

（2）做前身裙片侧缝线基础线　过A点向半径为（W/4π+裙长）的半径圆做水平线，两半径圆中间的水平线即为侧缝基础线。

（3）做前身裙片腰围线基础线　侧缝处腰围线上提0.5cm，以W/2π的半径圆弧线为相似曲线，即可制作出前片腰围基础线。

（4）做前身裙片下摆基础线　侧缝处下摆线上提1cm，以（W/4π+裙长）的半径圆弧线为相似曲线，即可制作出前片下摆基础线。

（5）定褶裥位置　第一条褶裥距离前片为2cm，第二条褶裥距离第一条褶裥为3.5cm，第三条褶裥距离第二条褶裥为3.5cm，第四条褶裥位置为剩余腰围线中点。

（6）做前身裙片下摆线和腰围线　在四条褶裥腰围线的位置分别加入褶量4cm并展开，圆顺前片裙子下摆线即可制作出前片下摆线，四个褶裥均倒向前中心线方向，做出省折线，即可制作出腰围线和下摆线。（图5-49）

后身裙片结构制图步骤如下。（图5-50）

（1）做后中心线基础线　同做前中心线基础线。从B点做垂直线，以B点为中心点做半径为W/2π的半径圆，再以B点为中心点做半径为（W/4π+裙长）的半径圆，过B点向半径为（W/4π+裙长）的半径圆做竖直线，两半径圆中间的竖直线即为前中心基础线（身高110cm的女童裙长为41cm）。

（2）做后身裙片侧缝线基础线　过B点向半径为（W/4π+裙长）的半径圆做水平线，两半径圆中间的水平线即为侧缝基础线。

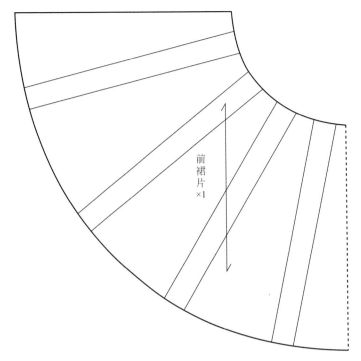

图5-49 女童蕾丝泡泡袖礼服前身裙片展开图

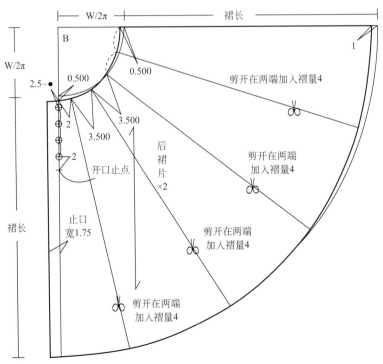

图5-50 女童蕾丝泡泡袖礼服后身裙片结构制图

（3）做后身裙片腰围线基础线　侧缝处腰围线上提0.5cm，后中心点沿后中心基础线下落0.75cm，以W/2π的半径圆弧线为相似曲线，即可制作出后片腰围基础线。

（4）做后身裙片下摆基础线　侧缝处下摆线上提1cm，以（W/4π＋裙长）的半径圆弧线为相似曲线，即可制作出后片下摆基础线。

（5）做后身裙片搭门线　做后中心线平行线，搭门量为1.75cm，即可制作出后身裙片搭门线。

（6）定后片扣子位置　量取后片最后一粒扣的位置与腰围线的垂直距离●，沿后中心线位置确定扣子位置。第一粒扣子的位置距离后中点为2.5-●，其余扣子间距为2.5cm，共4粒扣子。

（7）定开口止点位置　距离最后一粒扣为2cm。

（8）褶裥位置　第一条褶裥距离前片为2 cm，第二条褶裥距离第一条褶裥为3.5cm，第三条褶裥距离第二条褶裥为3.5cm，第四条褶裥位置为剩余腰围线中点。

（9）做后身裙片下摆线和腰围线　在四条褶裥腰围线的位置分别加入褶量4cm并展开，圆顺后片裙子下摆线即可制作出后片下摆线，四个褶裥均倒向后中心线方向，做出省折线，即可制作出后片腰围线。（图5-51）

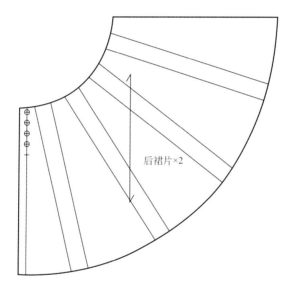

图5-51　女童蕾丝泡泡袖礼服后身裙片展开图

领子结构制图步骤如下。（图5-52）

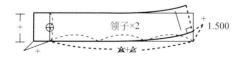

图5-52　女童蕾丝泡泡袖礼服领子结构制图

（1）做装领辅助线　做水平线，长为前领弧线和后领弧线总长。该线作为装领辅助线，应三等分。

（2）做装领线　自前中心点向上1cm做垂线，弧线连接后领中点、装领辅助线的后1/3点和1cm垂线上端点，即为装领线。

（3）做后领中心线　领宽3cm。自后领中心点向上做竖直线，竖直线的长度为领宽尺寸3cm。

（4）做前领中心线　过1cm位置，做装领线垂线，垂线长度为3cm。

（5）做领外口线　做装领线平行线，间距为领宽尺寸3cm。

（6）做后领搭门线　搭门宽度为1.75cm。做后领中心线的平行线。

（7）定扣位　扣位在立领后中心线中点位置。

袖子结构制图步骤如下。（图5-53）

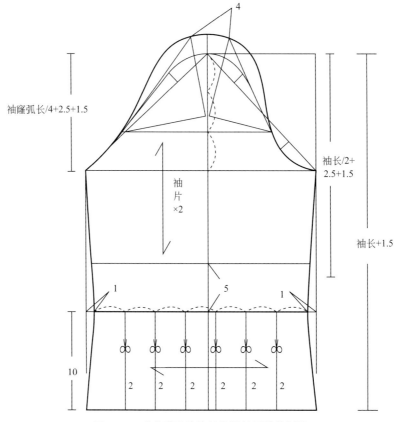

图5-53　女童蕾丝泡泡袖礼服袖子结构制图

（1）做袖肥线基础线　任意一条水平线即可。

（2）确定袖山高　过袖肥线做任意竖直线，竖直线的长度为（前袖窿弧长+后袖窿弧长）/4+2.5+1.5，即AH/4+2.5+1.5。由于礼服袖子偏瘦，所以基础袖山高为AH/4+2.5，1.5cm为借肩量和蓬松量。

（3）确定前袖山基础线　从袖山高顶点向右边袖肥线基础线做斜线，斜线的长度为前AH+0.5。

（4）确定后袖山基础线　从袖山高顶点向左边袖肥线基础线做斜线，斜线的长度为后AH+1。

（5）做前袖山弧线基础线　在前袖山基础线的上1/4位置做1～1.3cm的垂线，在前袖山基础线的下1/4位置做1.2cm的垂线，弧线连接袖山高顶点、1～1.3cm垂线端点、前袖山基础线中心点、1.2cm垂线端点、袖肥右端点，做出圆顺曲线，即可制作出前袖山弧线基础线。

（6）做后袖山弧线基础线　在后袖山基础线的上1/4位置做1～1.3cm的垂线，弧线连接袖山高顶点、1～1.3cm垂线端点、后袖山基础线的下1/4位置点、袖肥左端点，做出圆顺曲线，即可制作出后袖山弧线基础线。

（7）做袖中线　自袖山顶点向下延长袖山高线，长度为（袖长+1.5），尺寸36.5cm。

（8）做袖肘线基础线　在袖中线上自袖山高顶点量取（袖长/2+2.5+1.5），尺寸21.5cm，在该位置做袖肥的平行线，即可制作出袖肘线基础线。

（9）做袖分割线　向下做袖肘线平行线，间距为5cm。

（10）做袖下摆基础线　过袖中线下端点做袖肥线的平行线，即可制作出袖下摆基础线。

（11）做前、后袖侧缝线　前、后袖侧缝线在分割线处各向里收缩1cm。直线连接袖肥左端点、分割线左侧1cm点、袖下摆基础线左端点，即可制作出后袖侧缝线。直线连接袖肥右端点、分割线右侧1cm点、袖下摆基础线右端点，即可制作出前袖侧缝线。

（12）确定袖口褶裥位置　共有6个褶裥，7等分袖肘线，即可确定袖口褶裥位置。

（13）做袖口　在6个褶裥位置，每个位置加入2cm褶量，褶裥倒向前袖，展开即可制作出袖口。（图5-54）

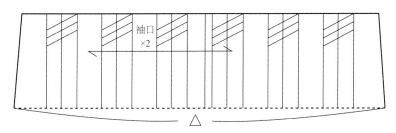

图5-54　女童蕾丝泡泡袖礼服袖口展开图

（14）制作袖山弧线　把袖山高三等分，取上2/3袖山，沿袖中线切开，加入4cm褶量，并圆顺前后袖山弧线，即可制作出袖山弧线。

五、蕾丝设计

在袖子袖口部位有三层蕾丝，分别是分割线位置、分割线下面3cm位置和袖口下摆线位置，宽度可根据设计进行调整。在领子部位，领子外口线和装领线位置分别有一圈蕾丝，宽度自行设计。在裙子部分，共有六层蕾丝，位置和宽度均可根据设计进行调整。在上身前衣片位置，两侧具有蕾丝，即阴影部分。（图5-55）

六、面料工业制版图

见图5-56。

七、里料工业制版图

见图5-57。

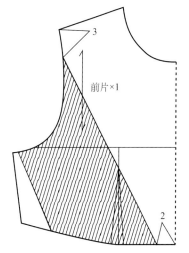

图5-55　女童蕾丝泡泡袖礼服上身
前衣片蕾丝位置示意图

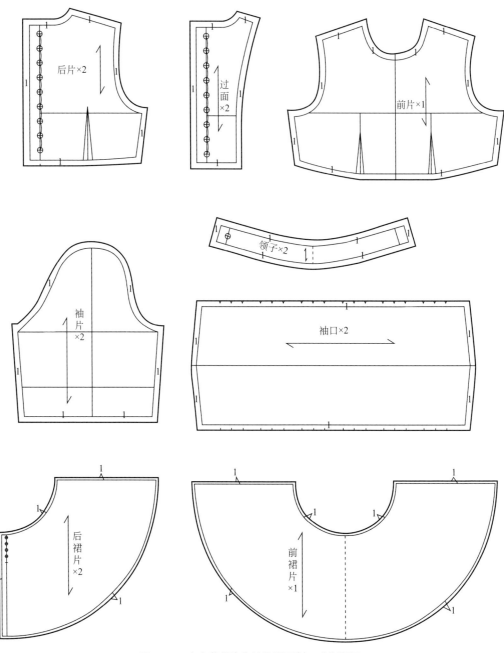

图5-56 女童蕾丝泡泡袖礼服面料工业制版图

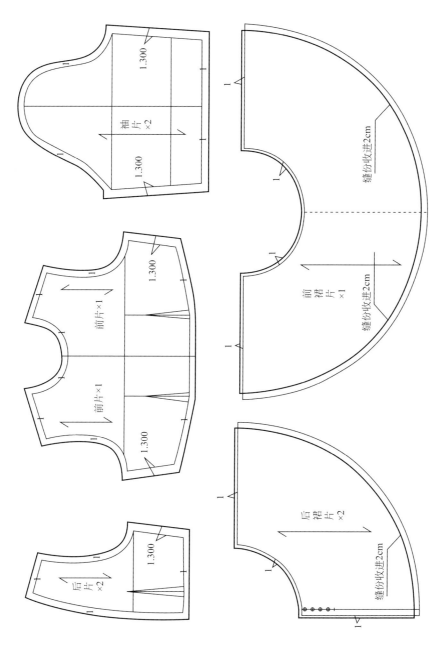

袖片
×2

1.300

1.300

前片×1

前片×1

1.300

1.300

后片
×2

1.300

缝份收进2cm

前裙片
×1

缝份收进2cm

后裙片
×2

缝份收进2cm

图5-57　女童蕾丝泡泡袖礼服里料工业制版图

第七节　拼色花边连体裤

一、款式说明

　　较宽松七分连体裤，翻领，无袖，肩部有三层花边装饰。前片上身收腰省，后片收腰省，腰部拼接，衬衫领及开襟处进行拼接设计，贴兜，贴兜两层花边装饰，6粒扣子。（图5-58和图5-59）。

　图5-58　正面图　　　　　　　　　　　图5-59　局部图

二、适合年龄

　　6～12岁的女童。

三、规格设计

　　胸围＝净胸围+宽松量（10～16cm）
　　腰围＝净腰围+宽松量（10～13cm）
　　臀围＝净臀围+宽松量（10～15cm）
　　上裆＝上裆深
　　衣长＝背长+2+（上裆深+腰高）/2+2～7cm
　　贴袋宽=16cm
　　贴袋高=19cm

领座高=2.5cm
领面宽=7cm

四、结构制图

以身高130cm为基准进行结构制图。

（一）身高130cm女童拼色花边连体裤各部位成衣尺寸

胸围=64cm+宽松量（14cm）=78cm

腰围=58cm+宽松量（10cm）=68cm

臀围=68cm+宽松量（12cm）=80cm

腰高=79cm

上裆=23cm

臀高=15cm

衣长=88cm

贴袋宽=16cm

贴袋高=19cm

领座高=2.5cm

领面宽=7cm

（二）身高130cm原型结构制图（略）

（三）拼色花边连体裤结构制图

利用身高130cm衣身原型对前后片进行结构制图。

后衣上身片制图步骤如下。（图5-60）

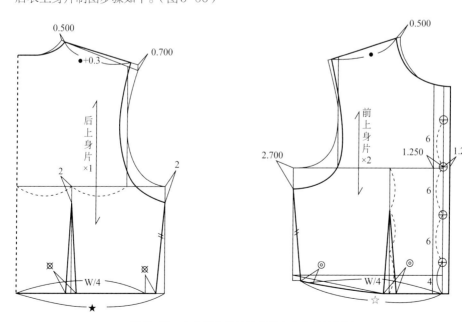

图5-60　女童拼色花边连体裤上身片结构制图

（1）做后肩线　原型肩点抬高0.7cm，主要是转移肩胛省到领窝弧线里，直线连接肩颈点和0.7cm点，制作出后肩线辅助线。在后肩线辅助线上量取后肩线长度＝前肩线长度+0.3cm，即可定出新后肩肩端点，制作出后肩线。

（2）做后领口弧线　自颈侧点沿新后肩线下移0.5cm，后领深尺寸不变。弧线连接后领中心点和肩线0.5cm点，即可做出后领口弧线。

（3）做后袖窿弧线　袖窿点开深2cm，弧线连接新肩端点和后袖窿底点，形状和原型后袖窿弧线相似，即可制作出后袖窿弧线。

（4）做侧缝线　连接袖窿底点和1cm点即可制作出侧缝线。

（5）做腰省　过胸宽线中点向腰围基础线做竖直线，省尖点下移2cm，省的大小为 $★ -W/4$（W为腰围）。

前衣上身片结构制图步骤如下。（图5-60）

（1）做前领口弧线　自颈侧点沿肩线下移0.5cm，前领深尺寸不变。弧线连接前领中心点和前肩线0.5cm点，即可做出前领口弧线。

（2）做前肩线　由于是无袖，为了造型的需要，原型肩点向里收0.5cm，连接0.5cm新端点和肩颈点外0.5cm点，即可做出前肩线。

（3）做前袖窿弧线　袖窿点开深2.7cm，弧线连接新肩端点和袖窿点，即可制作出前袖窿弧线。袖窿点开深主要是为了满足穿着的舒适性以及转移部分省量到袖窿。

（4）做前侧缝线　在前侧缝基础线上量取后衣身片侧缝基础线的长度，并向里收1cm，连接袖窿点和1cm，即可做出前侧缝线。前侧缝线长＝后侧缝线长。

（5）做腰围基础线　弧线连接前侧缝线下端点和原型省中线下端点，即可做出腰围基础线。

（6）做腰省　原型省中线分3份，向下移一份即可确定省尖点，省的大小为 $☆ -W/4$（W为腰围）。

（7）前门襟制作　向右做前中心线平行线，间距为1.25cm，即可做出前门襟线。向左做片中心平行线，并延长到前领窝弧线，即可完成前门襟的制作。

（8）扣位的确定　扣子直径为1cm，扣子间距为6cm，沿前中心线自腰围线上4cm位置为第五粒扣子的位置，接着确定出第4、第3、第2粒扣子的位置。

前衣下身片（前裤片）制图步骤如下。（图5-61）

（1）做长方形　长方形宽为臀围/4，尺寸20cm；高为上裆，尺寸23cm。上平线为腰围辅助线，下平线为横裆线。

（2）做臀围线　做上平线水平线，间距为臀高，即可做出臀围线。

（3）做挺缝线　把前臀围4等分，每等份用△表示；再把第三份3等分，过第一等分点做前挺缝线。前挺缝线的长度等于腰高（79cm）。

（4）确定中裆位置　平分立裆线下的挺缝线长度，自平分点向上移动3cm。

（5）确定小裆宽度　小裆宽度为1/4前臀围，尺寸5cm，即△。

（6）做前裆弧线　做小裆宽线和前中线的角平分线，在前平分线上取长度为1/2小裆宽，尺寸2.5cm，即△/2作为小裆内凹点。弧线连接前臀围点、小裆内凹、小裆宽点完成前裆弧线的制作。

（7）做七分裤裤口线　在距离中裆位置下面8cm处做水平线，挺缝线两段裤口线的宽度均为9.5cm，即裤口/2-0.5。

（8）做中裆线　在中裆线位置做水平线，挺缝线两段中裆线的宽度均为10cm，即（前裤口宽度+1）/2。

（9）做前内缝线　弧线连接小裆宽点和中裆内缝点，在中点处凹进0.5cm。直线连接中裆内缝点和裤口线内缝点。

（10）做腰围线　沿腰围辅助线向上2cm做平行线。在平行线左端的侧缝处收省量为（臀

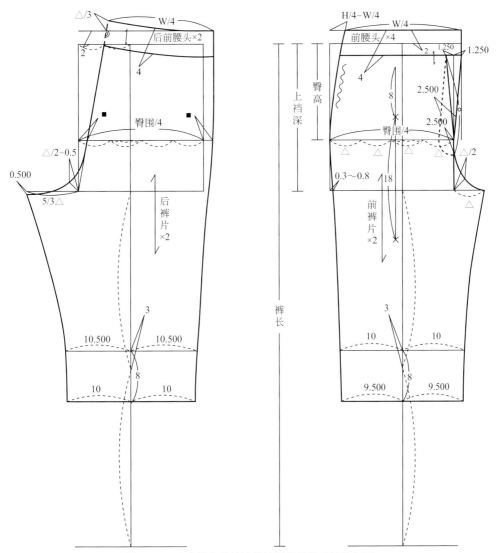

图5-61　女童拼色花边连体裤下身片裤子结构制图

围－腰围）/4尺寸2.5cm，在平行线上确定2.5cm位置点。直线连接2.5cm点和平行线右端点，长度为腰围/4，尺寸17cm，即可做出腰围线。其中，2cm主要是为了满足连体裤造型中的活动量。

（11）做前侧缝线　弧线连接2.5cm点、臀围点、中档点，前侧缝线在横档位置收进0.3～0.8cm。直线连接中档线和七分裤下摆线。

（12）前腰头制作　沿前腰围线做平行线，间距为4cm。

（13）前腰头搭门线制作　沿前腰头中心线做平行线，间距为1.25cm。

（14）左、右前裤片搭门线制作　左前裤片向右裤片借搭门（尺寸1.25cm），直线连接1.25cm点和臀围线右端点。

（15）前片门襟制作　做左前搭门线平行线，间距为2.5cm，止点位置在臀围线下2.5cm处，并做弧线。

（16）前片里襟（毛板）制作　自右前裤门襟止口点向下量取的○+2作为里襟的长度，宽度为3.5cm。（图5-62）

图5-62　女童拼色花边连体裤下身片裤子底襟结构制图

（17）前片贴袋位置点确定　距离前中线9.5cm，腰头下弧线8cm处为第1贴袋位置点，再竖直向下量取口袋宽19cm为第2贴袋位置点。

后衣下身片（后裤片）制图步骤如下。

在前片基础上进行绘制，后片臀围线、横裆线、中裆线、七分裤口线和挺缝线对应于前片相应位置。

（1）做后裆线　在后腰围辅助线上，取后中线与挺缝线的中点；在横裆线上取横裆线与后中线的交点，连接两点确定裆斜。向上做后腰围辅助线的平行线，间距为2cm。其中，2cm主要是

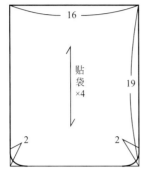

图5-63　女童拼色花边连体裤下身片裤子
贴袋结构制图

为了满足连体裤造型中的活动量。后裆起翘量为1/3小裆宽，落裆为0.5cm，大裆宽长度为5/3小裆宽，即5/3△，大裆凹量在小裆凹量的基础上降低0.5cm，即2cm。

（2）做后腰围线　自后裆起翘点向腰围辅助线平行线做斜线，斜线的长度为腰围/4，尺寸17cm。

（3）做七分裤裤口线　在距离中裆位置下面8cm处做水平线，挺缝线两段裤口线的宽度均为10cm，即裤口/2+0.5。

（4）做中裆线　在中裆线位置做水平线，挺缝线两段中裆线的宽度均为10.5cm，即前中裆线宽度+0.5。

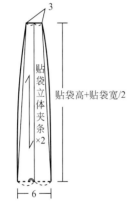

图5-64　女童拼色花边连体裤下身片
裤子贴袋立体夹条结构制图

（5）做后内缝线　弧线连接大裆宽点和中裆内缝点，在中点处凹进0.8cm。直线连接中裆内缝点和裤口线内缝点。

（6）做后侧缝线　在臀围线上，自后裆弯起点取前臀围相同尺寸，终点为臀围侧缝点。弧线连接后腰围侧缝点、臀围侧缝点和中裆侧缝点。直线连接中裆线和七分裤下摆线。

（7）后腰头制作　沿后腰围线做平行线，间距为4cm。

贴袋制图步骤如下。

（1）做贴袋　做长方形，长方形的宽为贴袋宽，尺寸16cm；长方形的高为贴袋高，尺寸19cm。长方形下面两个角做圆弧，半径为2cm。（图5-63）

（2）做贴袋夹条　做等角梯形，上宽3cm，下宽6cm，高度为（贴袋高+贴袋宽/2），尺寸27cm。两侧弧线修正。（图5-64）

衬衫领结构制图步骤如下。（图5-65）

（1）做领座后中心线　做竖直线，长度为领座高（尺寸2.5cm）。

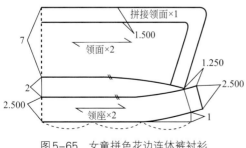

图5-65　女童拼色花边连体裤衬衫
领结构制图

（2）做装领辅助线　做水平线，长为1/2装领尺寸。装领尺寸=前领窝弧线长+后领窝弧线长。该线作为装领辅助线，应3等分。

（3）做装领线　自前中心点向上1cm做竖直线，该点为前中点。前中线提高的尺寸越多，领子倾斜度就越大，上领口尺寸就越短，领子就越抱脖。连接后领中点、装领辅助线的1/3点、前中点做弧线，并在前中点方向延长搭门（尺寸1.25cm），完成装领线的绘制。

（4）做领座外领口线　过1cm点，做装领辅助线垂线，垂线的长度为领座高，尺寸（2.5cm）。弧线连接领窝后中心线上端点和垂线上端点，并延长搭门（尺寸1.25cm），完成领座外领口弧线的绘制。

（5）做领座前中心线　直线连接装领线和领座外领口弧线，完成领座前中心线的绘制。

（6）做翻领底线。在后中辅助线上，自底领向上取2cm，弧线连接该点和垂线上端点，并修正该曲线，使其长度等于领座外领口线，完成翻领底线的绘制。翻领底线和领座外领口弧线弯曲度相反。

（7）做翻领外口线和领角　可根据款式图自主设计。

（8）做翻领外领口弧线　在后中辅助线上量取领面宽（尺寸7cm）。弧线连接7cm点和翻领外口线上端点，完成翻领外领口弧线的绘制。

（9）领角弧线的绘制　做半径为1cm的圆弧。

（10）翻领拼接分割线的设计　做外领口线的平行线和翻领外领口弧线的平行线，间距均为1.5cm，并设计圆角，圆弧的半径为0.5cm。

五、装饰花边设计

在前、后身片袖窿的肩部位置加双层装饰花边，第一层的装饰花边宽度为6cm，花边的长度为13.5+14.5=28cm，为双层平色拼色面料制作的花边，第二层装饰花边的宽度为10cm，为单层镂空装饰花边，花边的长度为28-3=25cm。

在门襟的上部位置加拼色面料制作的双层装饰花边，宽度为4cm，长度为17cm。

在口袋位置加两层单层镂空装饰花边，宽度为8cm，两侧装饰花边的长度均为贴袋口宽（16cm）。第一层装饰花边的位置在贴袋口水平位置，第二层装饰花边的位置在距离贴袋口水平线下端5cm位置。

在七分裤裤脚位置加单层装饰花边，宽度为8cm，长度为2倍裤口大。加粗位置为所有装饰花边位置。（图5-66）

六、面料工业制版图

见图5-67。女童连体裤面料工业制版图中各样片缝份均为1cm。

七、拼接面料制版图

见图5-68。女童连体裤拼接面料工业制版图中各样片缝份均为1cm。

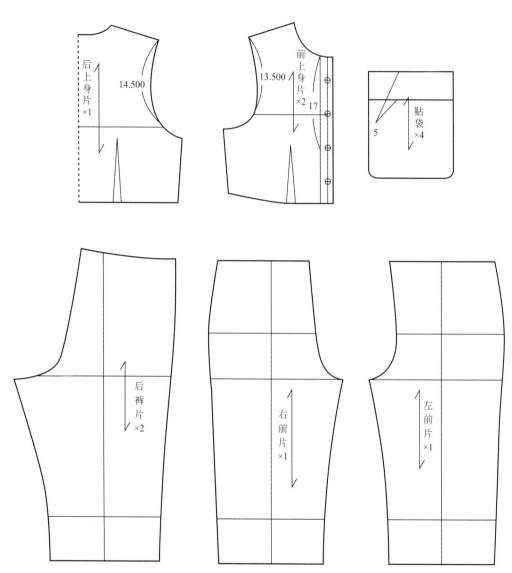

图5-66　女童拼色花边连体裤装饰花边位置示意图

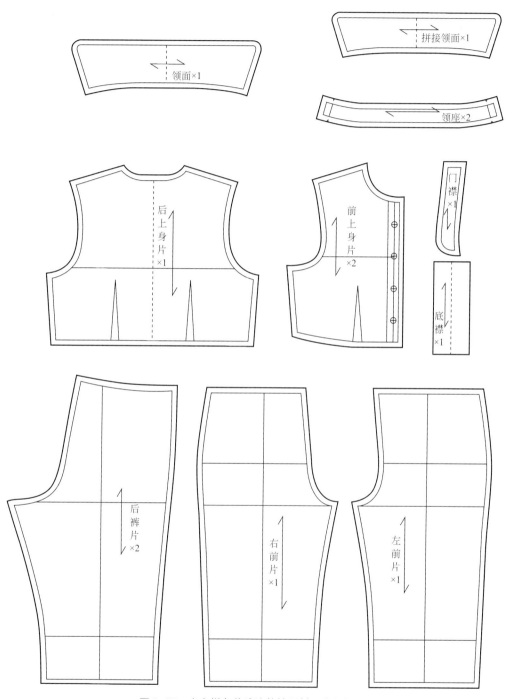

图5-67　女童拼色花边连体裤面料工业制版图

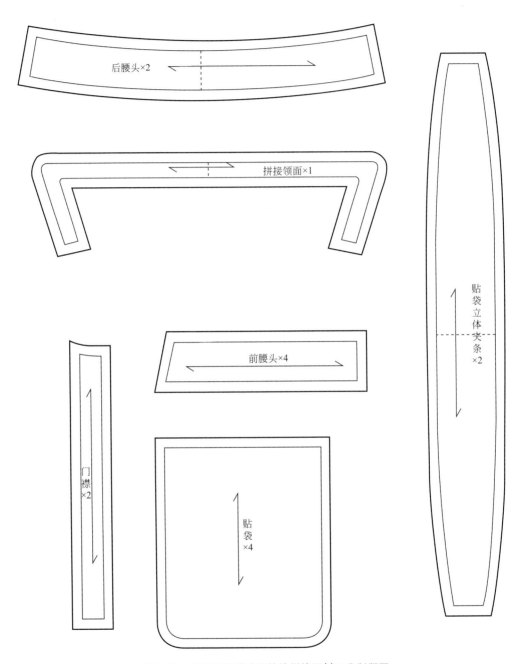

后腰头×2

拼接领面×1

前腰头×4

贴袋立体夹条×2

门襟×2

贴袋×4

图5-68　女童拼色花边连体裤拼接面料工业制版图

第八节　中式旗袍裙

一、款式说明

合体紧身，短袖，绲边，三粒盘扣，带拉链中长款旗袍。（图5-69和图5-70）

图5-69　正面图

图5-70　侧面图

二、适合年龄

4 ～ 8岁的女童。

三、规格设计

胸围＝净胸围＋宽松量（4 ～ 10cm）
腰围＝净腰围＋宽松量（4 ～ 10cm）
臀围＝净臀围＋宽松量（4 ～ 10cm）
衣长＝背长＋腰高/2＋立裆深/2-5 ～ 10cm
袖长＝15cm

四、结构制图

以身高110cm为基准进行结构制图。

（一）身高110cm女童旗袍各部位成衣尺寸

胸围=58cm+宽松量（10cm）=68cm

腰围=54cm+宽松量（4cm）=58cm

臀围=60cm+宽松量（10cm）=70cm

衣长=64 cm

袖长=15cm

（二）身高110cm原型结构制图（略）

（三）女童旗袍结构制图步骤

利用身高110cm衣身原型对前后片进行结构制图。

后身衣片制图步骤如下。（图5-71）

（1）定衣长 沿原型后中心线向下延长40cm。

（2）做臀围线 做腰围线的平行线，间距为腰臀高，尺寸14.5cm；平行线长度为臀围/4，尺寸17.5cm。

（3）做下摆线辅助线 过衣长下端点做水平线，水平线长度为（胸围/4-1），尺寸16cm。

（4）做后肩线 后肩端点上抬0.7cm，直线连接肩颈点和肩端点。同时自颈侧点沿肩线下移0.5cm，量取后肩线长度=前肩线长度+0.3cm，即可制作出后肩线。

（5）做后领口弧线 后领深尺寸不变。弧线连接后中心点和肩线0.5cm点，即可做出后领口弧线。

（6）做后袖窿弧线 胸围减少1cm，后袖窿底点向左移动1cm。弧线连接新肩端点和新后袖窿底点，形状和原型后袖窿弧线相似，即可制作出后袖窿弧线。

（7）做后侧缝线 在原型腰围线位置，相对于胸围线收腰1cm。弧线连接收腰1cm点和新后袖窿底点，即可做出胸围线和腰围线之间的后侧缝线。弧线连接腰围线右端点、臀围线右端点、下摆线辅助线右端点，即可制作出后侧缝线。

（8）做后片下摆线 侧缝线处起翘0.5cm。

（9）做后腰省 在原型后宽线上取中点，并向腰围线上做竖直线，竖直线的上端下落2cm为上省尖位置，向下延长竖直线8.5cm，为下省尖位置。腰省的大小为1.5cm。

（10）确定拉链止口位置 拉链止口位置在腰围线下5cm位置。

（11）确定开叉止点位置 开叉止点位置在臀围线下3cm位置。

前身衣片结构制图步骤如下。

（1）定衣长 沿原型前中心线向下延长40cm。

（2）做臀围线 做腰围线的平行线，间距为腰臀高，尺寸14.5cm；平行线长度为臀围/4，尺寸17.5cm。

（3）做下摆线辅助线 过衣长下端点做水平线，水平线长度为（胸围/4-1），尺寸16cm。

（4）做前肩线 自颈侧点沿肩线下移0.5cm，即可制作出前肩线。

（5）做前领口弧线 前领深尺寸不变，弧线连接前中心点和肩线下移0.5cm点，弧线和原型前领口弧线相似，即可做出前领口弧线。

（6）做前袖窿弧线 前袖窿底点下落0.7cm，前胸围减少1cm，向右移动前袖窿底点1cm，弧线连接前肩端点和新前袖窿底点，形状和原型后袖窿弧线相似，即可做出前袖窿弧线。

（7）做前侧缝线 收腰1cm，弧线连接收腰1cm点和新前袖窿底点，即为前胸腰侧缝线。弧线连接腰围线左端点、臀围线左端点、下摆线辅助线左端点，即可制作出前侧缝线。

（8）做前片下摆线 侧缝线处起翘0.5cm。

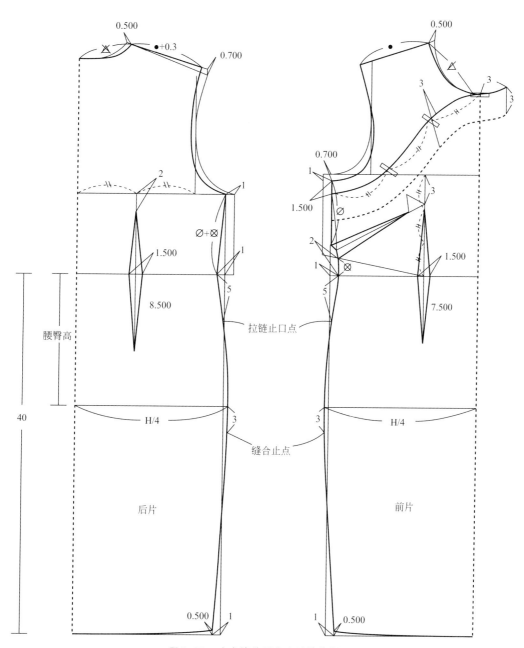

图5-71 女童旗袍后身衣片结构制图

（9）做前腰省 在原型前宽线上取中点，并向腰围线上做竖直线，把竖直线三等分，取二等分位置点作为上省尖位置，向下延长竖直线7.5cm，为下省尖位置。腰省的大小为1.5cm。

（10）做胸省 自前宽线中点向下竖直量取3cm点，确定为省尖点，和侧缝线下端2cm位置相连，为第一条省线。再沿侧缝线向上量取（前胸腰侧缝线－后胸腰侧缝线）长度点，和省尖相连，为第二条省线，并做省折线。

（11）确定拉链止口位置 拉链止口位置在腰围线下5cm位置。

（12）确定开叉止点位置 开叉止点位置在臀围线下3cm位置。

（13）做门襟线 弧线连接前中心点和侧缝线1.5cm点，形状可以根据造型自主设计。

（14）做底襟线 向下做门襟线水平线，间距为3cm，并向左延长3cm。

（15）定扣位 平分门襟弧线3等份，侧缝位置无扣子。

立领结构制图步骤如下。（图5-72）

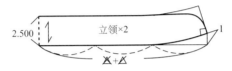

图5-72 女童旗袍立领结构制图

（1）做装领辅助线 做水平线，长为前领弧线和后领弧线总长，该线作为装领辅助线，应三等分。

（2）做装领线 自前中心点向上1cm做垂线，连接装领辅助线的1/3点。

（3）做后领中心线 自后领中心点向上做竖直线，竖直线的长度为领宽，尺寸2.5cm。

（4）做前领领角辅助线 过1cm位置，做装领线垂线，垂线长度为2.5cm。

（5）做领外口线 做装领线水平线，间距为领宽，尺寸2.5cm；并根据造型需求修正装领水平线，使领角符合造型要求。

袖子结构制图步骤如下。（图5-73）

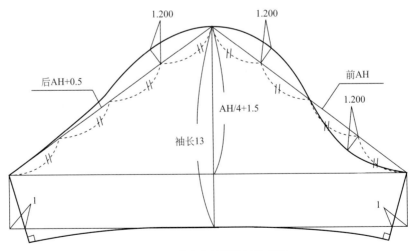

图5-73 女童旗袍袖子结构制图

（1）制作袖肥线基础线 任意一条水平线即可。

（2）确定袖山高 过袖肥线做任意竖直线，竖直线的长度为（前袖窿弧长＋后袖窿弧长）/4+1.5。

（3）确定前袖山基础线　从袖山高顶点向右边袖肥线基础线做斜线，斜线的长度为前袖窿弧线，即前AH。

（4）确定后袖山基础线　从袖山高顶点向左边袖肥线基础线做斜线，斜线的长度为后袖窿弧线+0.5，即后AH+0.5。

（5）做前袖山弧线基础线　在前袖山基础线的上1/4位置做1.2cm的垂线，在前袖山基础线的下1/4位置做1.2cm的垂线，弧线连接袖山高顶点、1.2cm垂线端点、前袖山基础线中心点、1.2cm垂线端点、袖肥端点，做出圆顺曲线，即可制作出前袖山弧线基础线。

（6）做后袖山弧线基础线　在后袖山基础线的上1/4位置做1.2cm的垂线，弧线连接袖山高顶点、1.2cm垂线端点、后袖山基础线的下1/4位置点、袖肥端点，做出圆顺曲线，即可制作出后袖山弧线基础线。

（7）定袖长　自袖山高顶点做竖直线，量取袖长尺寸13cm。

（8）做袖下摆线辅助线　过袖长下端点做袖肥线的平行线，长度等于前、后袖肥。在此基础上，前、后袖肥向里收1cm，即可制作出袖下摆线辅助线。

（9）做前、后袖侧缝线　直线连接袖肥左端点和袖下摆辅助线左端点，即可制作出后袖侧缝线。直线连接袖肥右端点和袖下摆辅助线右端点，即可制作出前袖侧缝线。

（10）做袖下摆线。以袖下摆线辅助线为基础向前、后袖侧缝线做弧线，弧线垂直于前、后袖侧缝线。

五、面料工业制版图

见图5-74。

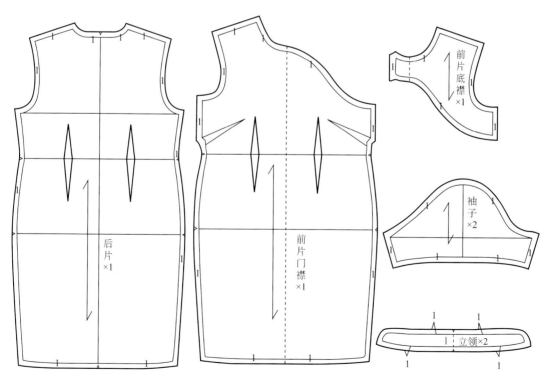

图5-74　女童旗袍面料工业制版图

第九节 翻驳领时尚小风衣

一、款式说明

　　中长款较宽松外套，翻驳领，长袖，公主线女童风衣。前片公主线分割，分割处加装饰，5粒扣子；后片公主线分割以及横向分割设计，分割线处加装饰；袖子为一片袖，袖口加装饰花边，袖肘进行椭圆形分割拼接设计。（图5-75和图5-76）

图5-75　正面图　　　　　　　　　　　　　图5-76　背面图

二、适合年龄

　　6 ~ 12岁的女童。

三、规格设计

　　胸围＝净胸围＋宽松量（17 ~ 24cm）
　　腰围＝净腰围＋宽松量（14 ~ 19cm）
　　衣长＝身高×0.5＋（0 ~ 5cm）

袖长＝全臂长＋（0～3cm）
领座高＝2.5cm
领面宽＝4cm
驳领宽＝7cm

四、结构制图

以身高130cm为基准进行结构制图。

（一）身高130cm女童大衣各部位尺寸

胸围＝64cm＋宽松量（18cm）＝82cm
腰围＝58cm＋宽松量（14cm）＝72cm
衣长＝68cm
袖长＝42cm
领座高＝2.5cm
领面宽＝4cm
驳领宽＝7cm

（二）身高130cm原型结构制图（略）

（三）翻驳领女童大衣结构制图步骤

利用身高130cm衣身原型对前后片进行结构制图。

后衣身片制图步骤如下。（图5-77）

① 确定胸围尺寸。1/4胸围加放1cm，以适应宽松性的要求。

② 定衣长。自原型腰围线延长后中心线38cm。

③ 做衣摆辅助线。长度等于后胸围尺寸。

④ 后中心追加0.5cm，作为穿着中的围度量。

⑤ 做后领口弧线。自颈侧点沿肩线下移0.7cm，后领深尺寸不变。弧线连接后领中心点和后肩线0.7cm点，和原型后领口弧线相似，即可做出后领口弧线。

⑥ 做肩线。原型肩点抬高0.5cm作为新的肩端点，改量作为补充穿着中的厚度量和薄的垫肩量，直线连接颈侧点和新肩端点，即为后肩线。

⑦ 做后袖窿弧线。袖窿开深2cm，以适应大衣宽松性的要求，增加穿着中的舒适性。弧线连接新肩端点和新后袖窿弧线底点，即可做出后袖窿弧线。

⑧ 做侧缝线。收腰1cm，下摆线辅助线向外放5cm，弧线连接各点。

⑨ 在腰围线上距离后中线8.75cm处向下摆线做垂线，腰围线处两边收腰省0.75cm，下摆线处两边各放4cm。

⑩ 做后中片公主线分割线。弧线连接后肩线中点左端0.4cm位置，腰围线上省根点，下摆线4cm位置点。

⑪ 做后侧片公主线分割线。弧线连接后肩线中点右端0.4cm位置，腰围线上省根点，下摆线4cm位置点。后侧片公主线分割线和后中片分割线在上5cm位置重合在一起。

⑫ 做后中线。弧线连接后中点，腰围线向里收0.5cm点。

⑬ 后中线处加褶量2cm。

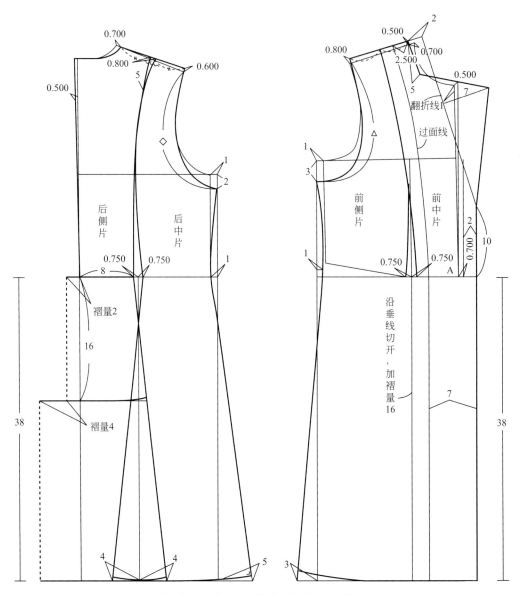

图5-77 女童翻驳领大衣身片结构制图

⑭ 做后中片分割线。距腰围线15cm向下做平行线，并做直角处理。

⑮ 后中片分割线加入褶量4cm。

⑯ 做后中片下摆线弧线。做直角处理。

⑰ 做后侧片下摆线弧线。做直角处理。

前身片结构制图步骤如下。

① 以腰围前中心线上A点为旋转点旋转原型，做0.5cm的撇胸处理。

② 确定胸围尺寸。1/4胸围加放1cm，以适应宽松性的要求。

③ 定衣长。由于衣身约在膝盖线位置，所以原型前中心线下端点延长38cm。

④ 确定搭门厚度和搭门宽度。前中心线向右做平行线，间距2.7cm。其中0.7cm作为贴边及搭门厚度量的追加量，2cm为搭门宽尺寸。

⑤ 做前片衣摆线基础线。过衣长线下端点向左做水平线，水平线长度等于前胸围尺寸。

⑥ 做前领口弧线。自颈侧点沿肩线下移0.7cm，颈侧点抬高0.5cm，前领深加深1cm。0.5cm作为补充穿着中的厚度量。

⑦ 做肩线。原型肩点处抬高0.8cm，直线连接新颈侧点和新肩端点，即为前肩线。0.8cm作为补充穿着中的厚度量和薄的垫肩量。

⑧ 做袖窿弧线。袖窿开深3cm，其中包括1cm的袖窿浮余量，以分散部分肚省，弧线连接各点。

⑨ 做侧缝线。收腰1cm，下摆线辅助线向外放3cm，弧线连接各点。

⑩ 在腰围线上省中线处向下摆线做垂线，腰围线处两边收腰省0.75cm。

⑪ 做前中片公主线分割线。弧线连接前肩线中点，腰围线上省根点。

⑫ 做前侧片公主线分割线。弧线连接后肩线中点，腰围线上省根点，下摆线和垂线交点。

⑬ 垂线处加褶量16cm。

⑭ 做前中片下摆线弧线。做直角处理。

⑮ 做前侧片下摆线弧线。做直角处理。

⑯ 做过面线。距颈侧点2.5cm，距前止口线7cm，弧线连接。

翻驳领及前片结构制图步骤如下。（图5-78）

① 做翻折线。前肩线延长2cm，从腰围线与止口线的交点沿止口线上量10cm作为止口点，直线连接两点即为翻折线。

② 过肩颈点做翻折线平行线5cm。

③ 做驳头。领面宽7cm，根据儿童的年龄、流行趋势、设计者的爱好等画出串口线和驳领外领口弧线。图5-78中驳领外领口弧线为16cm。

④ 做驳嘴。驳领领嘴长度和翻领领嘴长度均为3cm，两者夹角为60°。

⑤ 做后领底弧线辅助线。翻折线平行线向上延长后领窝弧线长□。

⑥ 做后领。垂直后领底弧线辅助线，做出驳领翻折线和领面弧线。

⑦ 在后身做后领外领口弧线。在肩颈点做2cm垂线，上端向后中心侧偏移0.3～0.5cm，连接此点和肩颈点，做出领座线。在后肩线上做出4cm领面线。弧线连接后中线上1.5cm处点和领面线与后肩线的交点，即可做出外领口弧线■。

⑧ 自肩颈点沿翻折线平行线下1～1.5cm处切开，切开量为■－□。

⑨ 做领底弧线。

⑩ 做领面弧线。

⑪ 定扣位。在前中心线上做5粒扣，扣子的直径为1cm，扣间距为7cm。第一扣位点和止口点位于同一水平位置。

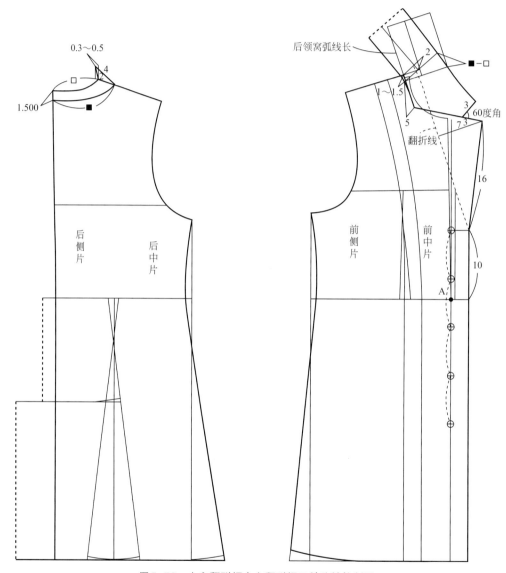

0.3～0.5

1.500

后领窝弧线长

后侧片　后中片

前侧片　前中片

1～1.5

60度角

翻折线

16

10

A

■－□

图5-78　女童翻驳领大衣翻驳领及前片结构制图

袖子结构制图步骤如下。（图5-79）

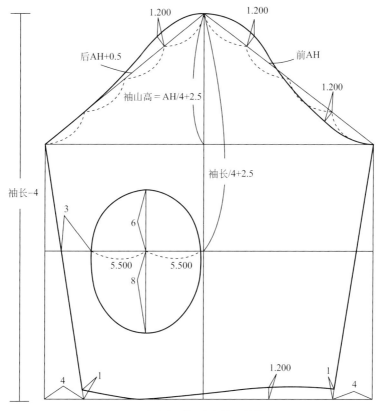

图5-79 女童翻驳领大衣袖子结构制图

① 制作袖肥线基础线。任意一条水平线即可。

② 确定袖山高。过袖肥线做任意竖直线，竖直线的长度为（前袖窿弧长＋后袖窿弧长）/4+2.5。

③ 确定前袖山基础线。从袖山高顶点向右边袖肥线基础线做斜线，斜线的长度为前袖窿弧线，即前AH。

④ 确定后袖山基础线。从袖山高顶点向左边袖肥线基础线做斜线，斜线的长度为后袖窿弧线+0.5，即后AH+0.5。

⑤ 做前袖山弧线基础线。在前袖山基础线的上1/4位置做1.2cm的垂线，在前袖山基础线的下1/4位置做1.2cm的垂线，弧线连接袖山高顶点、1.2cm垂线端点、前袖山基础线中心点、1.2cm垂线端点、袖肥端点，做出圆顺曲线，即可制作出前袖山弧线基础线。

⑥ 做后袖山弧线基础线。在后袖山基础线的上1/4位置做1.2cm的垂线，弧线连接袖山高顶点、1.2cm垂线端点、后袖山基础线的下1/4位置点、袖肥端点，做出圆顺曲线，即可制作出后袖山弧线基础线。

⑦ 制作袖中线。从袖山高顶点做竖直线，量取袖长-4（身高130cm规格的基础袖长为42），即38cm。

⑧ 制作袖肘线基础线。从袖山高顶点量取袖长/2+2.5，在该位置做袖肥的平行线，即可制作出袖肘线基础线。

⑨ 制作袖下摆基础线。过袖中线最下端点画水平线，即可制作出袖下摆基础线。

⑩ 前后袖侧缝线制作。前、后袖下摆基础线各向里收缩4cm，连接袖肥端点、袖下摆基础线4cm点，即可制作出前后袖侧缝线。

⑪ 制作袖口弧线。在前后袖侧缝线上，自袖口点分别向上量取1cm，前袖口1/2内凹1.2cm。弧线连接前袖缝1cm点、前袖口1/2内凹1.2cm点、后袖口中心点、后袖缝1cm点，即可做出袖口弧线。

⑫ 后袖装饰椭圆制作。椭圆的横向半径是5.5cm，纵向半径袖肘线上是6cm，纵向半径袖肘线下是8cm，袖肘线上距离后袖侧缝线为3cm的位置画椭圆。注意：椭圆左右对称。

五、装饰花边设计

在前、后身片公主线和后中片分割线位置均有装饰花边，宽度为6cm。在袖片上，袖口弧线加2cm宽的装饰花边。（图5-80）

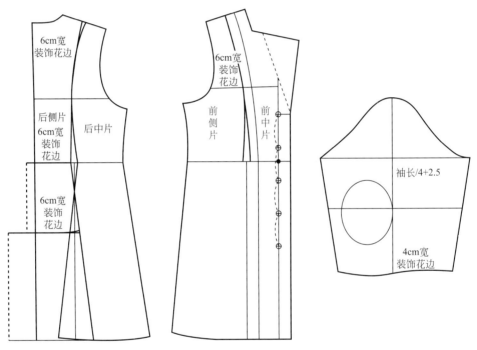

图5-80 女童翻驳领大衣装饰花边位置示意图

六、面料工业制版图

见图5-81。

七、袖子拼接面料工业制版图

见图5-82。

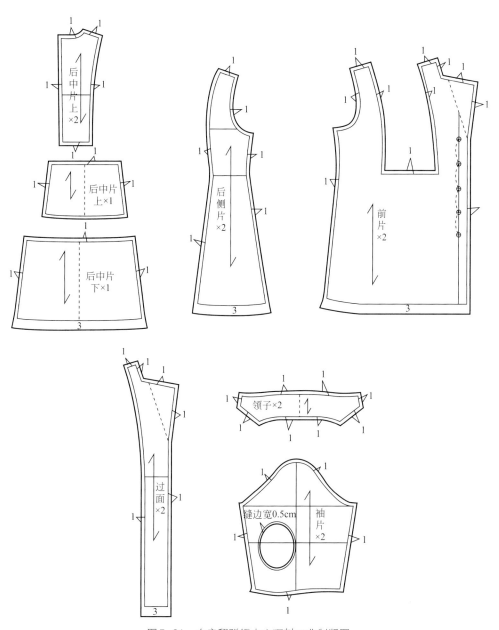

图5-81 女童翻驳领大衣面料工业制版图

八、里料工业制版图

见图5-83。

前后身里子自腰围线向下做3cm平行线，左右后中片上样片合成一片样片，中间加2cm样片松量，即可绘制出里子样板。

图5-82 女童翻驳领大衣
拼接面料工业制版图

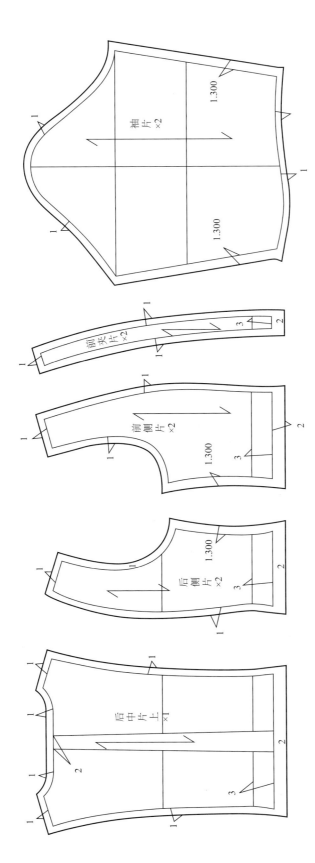

图5-83 女童翻驳领大衣里料工业制版图

第六章

女童装配饰设计

配饰是指穿戴在身上或携带的饰物，既是为了满足服装整体搭配的需要，又是人体的附属品。女童装实用性配饰主要包括帽子、围巾、手套、袜子、包袋、鞋子等，装饰性配饰包括头饰、手镯、项链、胸花、眼镜等。它们主要具有实用功能，同时兼具装饰性，是服饰形式美与艺术美的结合。

第一节　女童装配饰设计要素

一、女童装配饰与服装的统一性

女童装配饰与服装的统一表现为造型、色彩、材质的统一，它们之间的有机结合才能使女童服装的整体和谐、统一。比如，女童晚礼服与礼服包、时尚鞋子、长腕手套的搭配；女童运动休闲服装与运动鞋、袜、休闲双肩包等的搭配。

另外，女童装配饰与人体的搭配应统一。女童人体的特征不同，如肤色的明暗、身体的胖瘦、头发的长短、年龄的大小、性格的取向等因素都会直接影响女童装配饰与服装的选择。因此，在搭配选择服装的同时必须考虑这些因素，女童的着装才能和谐统一。

最后，女童在着装与配饰的搭配上，应与环境相统一。女童装配饰的选择与服装一样需遵守TPO原则，即时间、地点、场合。成人不能离开社会环境，那么儿童也同样离不开社会环境而单独存在，所以女童在选择配饰与服装时应与环境相统一。比如，参加宴会就要适当选择小礼服搭配头饰、手包、鞋子等；运动场合应考虑与运动装搭配的帽子、运动鞋袜、护腕等配饰。（图6-1和图6-2）

图6-1

图6-2

二、女童装配饰与服装色彩

配饰自身具有相对的独立性，但女童装配饰色彩在整体色彩中起着协调、点缀、强调、平衡的作用。所以，女童服装与配饰的搭配，既相对独立又彼此关联，它们之间的色彩搭配方法主要有以下三种。

1.整体呼应法

在确立女童服装色彩的色调后，各配饰的色彩与之相同或相似，这样搭配起来整体协调。比如，橙色、咖啡色、黄色等暖色系服装比较适合搭配红色系的鞋子、围巾等；蓝、绿、紫等冷色系服装适合搭配深浅蓝色或紫色围巾、帽子等。

2.局部呼应法

当一种饰品色彩确定后，其他饰品的色彩也要与之呼应。如果女童脚穿一双色彩鲜艳的鞋子，那么在靠近脸部周围应佩戴色彩鲜艳的围巾或帽子，这样搭配就会产生平衡的视觉效果，从而达到协调统一的目的。

3.点缀法

当整体服装为单一颜色时，可以有意识地选择与之反差较大的色彩进行点缀。比如，女童选择一套黑色长裙，如果搭配一双黄色短靴，那么这个黄色配饰就显得分外醒目，就能起到很好的点缀作用。（图6-3～图6-5）

图6-3　　　　　　　　图6-4　　　　　　　　　　　　　图6-5

三、女童装配饰与系列装

系列是表达某一类产品中具有相同或相似的元素构成各自完整又相互联系的产品。服装是造型、色彩、材料的统一体，这三者之间协调组合、互换运用。比如，款式不同，色彩面料相同等。在进行两套或以上女童装设计时，运用这三方面去贯穿、寻找某种关联性便有着鲜明的系列感。

对于女童装设计来说，系列装不是单一完成每套上下装的问题，还包括系列装与饰品之间的关系搭配，这才是系列装的重要内容。因此在女童装设计中，首先要考虑单品服装的配饰，然后是综合整体系列装的配饰。比如，在一组牛仔系列装中，某几套单品佩戴帽子或围巾，或不同风格的包袋、鞋子等，只要相互之间不要冲突，布局安排合理得当，与饰品之间的搭配就会协调。（图6-6和图6-7）

图6-6

图6-7

第二节　女童实用类饰品

一、帽子

　　女童帽子用处较大，是头上的饰物。它一般可分为遮阳的太阳帽、运动的球帽、工装的贝雷帽、保暖防寒的风雪帽、休闲的针织帽、宴会的礼帽等。帽子也可分为有顶和无顶，软的和硬的，根据材料而定。比如，针织、丝缎、裘皮材料制作的帽子软而暖，适合保暖防寒，是女童服饰品中必备之一；硬挺的呢绒、草编、塑胶压膜等材料制作的帽子较硬，一般有夏凉帽、礼帽。

　　女童帽子上的装饰是帽子设计中比较重要的环节，一般常用设计方法在帽子顶部或边缘添加绢花、缎带、蝴蝶结、珠片、绒球等，也可以用装饰扣、发卡等固定某部位，兼具一定的装饰性，起到形式美的作用。（图6-8～图6-10）

| 图6-8 | 图6-9 | 图6-10 |

二、包袋

　　包袋是女童随身携带的饰品，从用途功能上分为上学用的书包、运动时的休闲包、装钱包、宴会用的手包等。书包一般是双肩背包，外形规范、硬挺，大多使用化纤材料制作。休闲包款式较多，形状多样，装饰性较强，有双肩、单肩、腰包等形式，可以运用化纤织物、绒布、牛仔布、卡其布、牛津布、碎花棉布等制成，耐磨性较好，适合游玩休闲，深受女童喜爱。（图6-11～图6-14）

图6-11　　　　　　图6-12　　　　　　图6-13　　　　　图6-14

三、鞋袜

　　女童鞋袜可根据不同服装风格来搭配穿着，并按照季节分为冬季鞋袜、春秋季鞋袜、夏季鞋袜等。冬季鞋袜以保暖性来设计，以棉鞋、靴子为主，材料大多为皮革、高密度织物、毛皮等；皮靴可分为长靴、中长靴、短靴，短靴搭配较灵活且丰富多样，长靴一般搭配短裤、短裙，穿上会使女童显得时尚有活力。冬季鞋袜比较厚实保暖，也可用羊羔毛作为夹里，保暖性极好。

　　夏季大多为凉鞋，材质一般有真皮、合成皮、塑料、纺织品等，外观较通透凉爽；还可以采用多种装饰手法，如编结、扎花、流苏、镶嵌等。春秋季鞋袜以轻便舒适为主，浅口、低帮造型，材质以软羊皮、牛皮、缎面织物等为主，穿着轻便舒适，方便活动。（图6-15和图6-16）

图6-15　　　　　　　　图6-16

四、围巾

　　围巾是女童服装冬季必备配饰之一。它以保暖为主，衬托面部与服饰的关系，美化面部特征，掩饰不足之处。形状有方形、长条、三角形、不规则形等。女童围巾花色图案花样繁多，如圆点方巾、方格、条纹、各种形式的图案纹样。女童围巾的材质可以轻薄或厚实，材料选择面广，棉麻、丝缎、羊毛、毛线等材料都可以使用，针织材料应用较多，柔软舒适且保暖性强，深受女童喜爱。（图6-17～图6-20）

| 图6-17 | 图6-18 | 图6-19 | 图6-20 |

第三节　女童装饰类饰品

女童装饰类饰品主要包括头饰、项链、胸花、腕饰、手饰、足饰等，多为女童喜爱，并广泛使用。女童饰品款式新颖美观，琳琅满目，无论从饰品的造型、色彩、材质都具有丰富的变化，从而满足了女童不同服装以及消费群体的需求。比如，女童的腕饰或项饰，形式有项链、手链、手镯等，佩戴方式有松紧式、封闭式、搭扣式等。所选用的材料品种繁多，主要有珍珠、珠片、绳带、皮革、丝绸、绒布等，运用缝制、穿绳、编结等手法制作。这种首饰不受传统首饰限制，设计师可根据服装风格、服装色彩对装饰性饰品进行自由发挥。（图6-21～图6-25）

| 图6-21 | 图6-22 | 图6-23 |

| 图6-24 | 图6-25 |

[1] （英）凯瑟琳·麦凯维，（英）詹莱茵·玛斯罗.时装设计：过程、创新与实践.
郭平建等译.北京：中国纺织出版社，2005.

[2] 侯家华.服装设计基础.北京：化学工业出版社，2011.

[3] （美）史蒂文·费尔姆.国际时装设计基础教程.曹帅译.北京：中国青年出版
社，2012.

[4] 刘晓刚.童装设计.上海：东华大学出版社，2008.